Barış Sayın

CFRP ile Güçlendirilmiş Betonarme Kirişlerin Yük Taşıma Kapasitesi

Barış Sayın

CFRP ile Güçlendirilmiş Betonarme Kirişlerin Yük Taşıma Kapasitesi

Türkiye Alim Kitapları

Impressum / Yayınevi adı
Bibliografische Information der Deutschen Nationalbibliothek: Die Deutsche Nationalbibliothek verzeichnet diese Publikation in der Deutschen Nationalbibliografie; detaillierte bibliografische Daten sind im Internet über http://dnb.d-nb.de abrufbar.
Alle in diesem Buch genannten Marken und Produktnamen unterliegen warenzeichen-, marken- oder patentrechtlichem Schutz bzw. sind Warenzeichen oder eingetragene Warenzeichen der jeweiligen Inhaber. Die Wiedergabe von Marken, Produktnamen, Gebrauchsnamen, Handelsnamen, Warenbezeichnungen u.s.w. in diesem Werk berechtigt auch ohne besondere Kennzeichnung nicht zu der Annahme, dass solche Namen im Sinne der Warenzeichen- und Markenschutzgesetzgebung als frei zu betrachten wären und daher von jedermann benutzt werden dürften.

Deutsche Nationalbibliothek tarafından yayınlanan bibliyografik bilgiler: Deutsche Nationalbibliothek, bu yayını Deutsche Nationalbibliografie'de listeler; detaylı bibliyografik bilgi İnternet'te http://dnb.d-nb.de sitesinde mevcuttur.
Bu kitapta bahsedilen herhangi bir marka ve ürün adı, tescilli marka, marka veya patent korumasına tabidir ve ilgili sahiplerin ticari veya tescilli markalarıdır. Marka, ürün, ortak ve ticari adların, ürün açıklamalarının v.s. işbu eserde özel işaretleme olmadan bile kullanılması, bu çeşit adların, tescilli marka ve marka korunması kanunu açısından kısıtlanmamış ve böylece herkes tarafından kullanılabilir olarak hiç bir şekilde yorumlanamaz.

Coverbild / Kitap kapağı resmi: www.ingimage.com

Verlag / Yayıncı:
Türkiye Alim Kitapları
ist ein Imprint der / yayınevinin bir ticari markasıdır
OmniScriptum GmbH & Co. KG
Heinrich-Böcking-Str. 6-8, 66121 Saarbrücken, Deutschland / Almanya
Email / E-posta: info@turkiye-alim-kitaplary.com

Herstellung: siehe letzte Seite /
Basım yeri: son sayfaya bakın
ISBN: 978-3-639-67013-4

Önsöz

İnsanoğlu, dünyada varolduğu zamandan itibaren, iç alemiyle çevresi arasında sürekli bir değişim, gelişim ve etkileşimle iç içe yaşamaktadır. Bu itibarla, gelişen teknolojik çağın bilgi seviyesini akademik çalışmalar kapsamında yükseltmek, meşakkâtli ve yorucu bir yolculuğu göze almayı gerektirmektedir. Yolculuk için çaba sarfetmek, çoğu zaman, sarfedilen emeklerin karşılığını görebilme ya da en azından yeni bir fikir kıvılcımını ateşleme amacını taşımalıdır. Bu çalışma, söz konusu amaç gözönünde tutularak gerçekleştirilmiştir.

Çalışmalarım boyunca değerli görüş ve önerileriyle beni yönlendiren Danışman hocam, Prof. Dr. Ekrem Manisalı'ya gönülden teşekkür ediyor, saygılarımı sunuyorum.

Tez Jürisinde yer alan, bilgi ve tecrübelerini paylaşan, çalışma boyunca sürekli teşvik eden, değerli hocam, Prof. Dr. Tuncer Çelik'e ve Doç. Dr. Adnan Çolak'a sonsuz teşekkürlerimi sunarım. Ayrıca, gerek Yüksek Lisans danışmanlığında, gerekse Doktora sürecindeki desteklerini unutmayacağım Doç. Dr. Seyit Ali Kaplan'a; İnşaat Mühendisliği Bölüm Başkanı Prof. Dr. Namık K. Öztorun ve Yrd. Doç. Dr. Turgay Çoşgun başta olmak üzere, Bölüm'de görev alan tüm öğretim üyelerine teşekkürlerimi iletmek isterim.

Bölümde görev aldığım sekiz yılı aşkın süre içerisinde, her zaman hasretle anacağım güzel paylaşımlarından ve yardımlarından dolayı Yrd. Doç. Dr. A. Mehmet Haksever, Yrd. Doç. Dr. İsmail Hakkı Demir, İnş. Yük. Müh. Dr. Erdem Damcı ve İnş. Yük. Müh. Dr. Ömer Giran'a en derin sevgi ve saygılarımı gönderiyorum. Çalışmalarım süresince yardımlarını esirgemeyen ve keyifli sohbetlerini paylaştığım Bölüm Araştırma Görevlilerinden İnşaat Yüksek Mühendisi Rasim Temür'e, memnuniyetimi gereğince ifade edememe endişesi içinde teşekkürlerimi sunuyorum.

Tez sürecinde, zamandan ve koşuldan bağımsız değerli yardımları nedeniyle Araştırma Görevlisi Bilgisayar Yük. Müh. Dr. Selçuk Sevgen'e, Tez projesi hazırlama aşamasındaki yardımlarından dolayı İnşaat Yüksek Mühendisi Kemal Çelik'e, Deneysel çalışmada kullanılan betonarme kirişlerin üretilmesinde etkin rol alan İnşaat Mühendisi Murat Fidan'a, Tezin analiz kısımlarında, çözüm üreten fikirleri nedeniyle Araştırma Görevlisi Barış Güneş'e, Çalışmayla ilgili görüş ve önerilerinden dolayı Araştırma Görevlisi Hatice Gazi'ye, Tez ara raporlarının düzenlenmesindeki katkıları nedeniyle Araştırma Görevlisi Cihan Öser'e, Deney cihazını test etmek için kullanılan beton kirişleri temin eden Araştırma Görevlisi Barış Yıldızlar'a, Analiz modelinin oluşmasına katkı sağlayan İnşaat Yüksek Mühendisi Dr. Cemil Akçay'a, Deneylerde kullanılan cihazın temin edildiği Yüksel Kaya Makine A.Ş.'den Sn. Yüksel Kaya'ya, İhale aşamasındaki yardımlarından ve cihaz konusundaki teknik desteklerinden dolayı Jeoloji Mühendisi Vahit Işık'a, Kompozit malzeme alımının yapıldığı Sika Yapı Kimyasalları A.Ş ile Yılmaz İnşaat yetkililerine ve Tez Projesini destekleyen İstanbul Üniversitesi Bilimsel Araştırma Proje Birimi'ne teşekkür ederim.

Üzerimdeki emeklerini sınıflandırmakta âciz kaldığım, sevgili Annem, Babam ve Ağabey'imden, sonsuz iyi dileklerimin kabûlünü diliyor, kendilerine minnet ve şükrânlarımı sunuyorum.

Kasım, 2009 **Barış SAYIN**

İçindekiler

Sembol Listesi

A_p, A_{frp} : kompozit plakanın (FRP) eksenel alanı
A_{st} : çekme bölgesindeki donatıların toplam enkesit alanı
A_{sc} : basınç bölgesindeki donatıların toplam enkesit alanı
b_c : kesit genişliği
d : kesitin efektif derinliği
E_c : beton elastisite modülü
E_s : donatı elastisite modülü
E_p, E_{frp} : FRP elastisite modülü
F_{st} : donatıdaki çekme eksenel kuvveti
F_{sc} : donatıdaki basınç eksenel kuvveti
G_a : yapıştırıcı tabakanın kayma modülü
K : eğrilik
K_n : yapıştırıcı tabakanın normal rijitliği
K_s : yapıştırıcı tabakanın kayma rijitliği
P : tekil yük
q : düzgün yayılı yük
t_a : yapıştırıcı tabaka kalınlığı
t_p, t_{frp} : plakanın kalınlığı
V_s : donatının kesme kapasitesi
V_c . betonun kesme kapasitesi
$V_{db,s}$: plaka ucu kesme kuvveti
u_c : arayüzde beton yerdeğiştirmesi
u_p : FRP'nin yerdeğiştirmesi
f_c' : beton basınç dayanımı
y_i : tarafsız eksen mesafesi
ε_c : basınç deformasyonu
ε_e : eşdeğer deformasyon
ε_i : birim şekil değiştirme
ε_o : maksimum gerilmede betonun deformasyonu
ε_p : FRP deformasyonu
ε_{cmax} : betonun maksimum basınç deformasyonu
ε_{st} : donatıdaki çekme deformasyonu
ε_{sc} : donatıdaki basınç deformasyonu
σ_c : basınç gerilmesi
σ_e : eşdeğer gerilme (von-mises gerilmesi)
σ_s : donatı gerilmesi
σ_y : donatının akma gerilmesi
σ_p : FRP gerilmesi
τ : kayma gerilmesi
γ : arayüz kayma deformasyonu
ρ_s : çekme donatısı oranı
ρ : eğrilik yarıçapı
ϕ : iç sürtünme açısı
ν' : efektif poisson oranı

1. Giriş

1.1 Konu

Türkiye'de, taşıyıcı sistemi çerçeve türünden olan betonarme binalar incelendiğinde, söz konusu binaların önemli kısmının geçerli olan son deprem şartnamesini ve hatta bir önceki şartnamenin kriterlerini sağlamadığı ortaya çıkmaktadır. Özellikle İstanbul'daki binaların önemli bir kısmının projesinin mevcut olmadığı, mühendislik hizmeti görmediği veya projesinin mevcut olduğu bildirilse bile, bu projeye uyulmadığı kuvvetle tahmin edilmektedir. Bu nedenle, gerek taşıma kapasitesinin yetersizliği gerekse yaşanan depremler sonrası onarım ve güçlendirme zorunluluğu ortaya çıkmaktadır. Bu bağlamda, İstanbul başta olmak üzere Marmara Bölgesi'nde olası şiddetli bir depreme karşı binaların incelenmesi ve gerekenlerin güçlendirilmesi özellikle 1999'da yaşanan deprem sonrası, günümüz toplumunun karşı karşıya bulunduğu en önemli sorunlardan birini oluşturmaktadır.

1999 yılında yaşanan Kocaeli Depremi sonrası, özellikle betonarme yapılarda taşıyıcı elemanların güçlendirilmesi yönünde çeşitli çalışmalar ve uygulamalar yapılmıştır. Deprem etkisi nedeniyle hasar görerek dayanımı kısmen azalan veya mevcut şartnameye uygun tasarımı yapılmadığı belirlenen düşey

taşıyıcı özelliği olan kolonlarda, mantolama uygulaması yapılarak güçlendirme/onarım yoluna gidilmektedir. Mevcut kolonların kapasitelerinin yetersiz olduğu durumlarda ise, betonarme perde ilâvesi yapılarak yapının düşey ve yatay dayanımı artırılmaktadır. Aynı şekilde, kirişlere de benzer gereksinimler nedeniyle mantolama işlemleri uygulanmaktadır. Hasar gören veya dayanım ve rijitliği yeterli olmayan kirişler değişik şekilde onarılmakta ve güçlendirilmektedir. Bu işlem sırasında komşu kolonları da göz önüne alarak kuvvetli kiriş–zayıf kolon türünden birleşim bölgesinin meydana getirilmemesine özen gösterilmektedir. Güçlendirme türü, hasarın seviyesine (çatlama, beton ezilmesi, donatı sıyrılması ve kopması) bağlı olarak değişmektedir.

Güçlendirmede kullanılan yöntemlerdeki kabûllerin ve uygunluğun belirlenmesi, zaman, emek ve maddi kayıpların olmaması açısından önem arz etmektedir. Güçlendirme konusunda, hangi yöntemlerin uygulanabileceği bir problem olarak karşımızda durmaktadır. Dikkat edilmesi gereken husus, mevcut bir yöntemde yapılan kabûllerin taşıyıcı eleman davranışını ne oranda yansıttığının belirlenmesi ve buna yönelik çalışmaların yürütülmesidir. Bu itibarla, tez çalışmasında, FRP (*Fibre Reinforced Plastics*–Lif Takviyeli Plastikler veya *Fibre Reinforced Polymer*–Lif Takviyeli Polimer) ile kirişlerin

güçlendirilmesi konusunda, uygulanan yöntemdeki mevcut kabullerin doğruluğu, deneysel çalışma ve nümerik analizlerden elde edilecek verilerle irdelenecek ve taşıyıcı elemanın gerçek davranışı belirlenmeye çalışılacaktır.

1.2 Çalışmanın Amacı ve Kapsamı

Betonarme kirişlerin, dıştan FRP şeritlerle güçlendirilmesi, güçlendirmede etkin bir yöntem olarak yaygın olarak kabul edilmektedir [1]. Yöntem, FRP kompozitlerinin, yüksek dayanım-ağırlık oranı, iyi korozyon direnci, farklı kesit şekilleri ve köşelere uygulanabilirlik avantajlarından dolayı kullanılır olmuştur.

FRP levhaların veya şeritlerin betonarme elemanlar gibi bilinen malzemelerle güçlendirilmesi kullanılan bir yöntem haline gelmiştir [2]. Lif Takviyeli Plastik (FRP) levhalar, betonarme yapıları güçlendirmek/onarmak için kullanılmakta ve on yıldan fazla bir süredir, yapı endüstrisinde kullanılmaktadır. FRP, yüksek çekme dayanımı, uzun süreli dayanımı, hafifliği ile korozyon ve yangına karşı direnci nedeniyle, betonun dış yüzeyine uygulanan çelik plakaların yerini almıştır. FRP plakaların, eğilme etkisine karşı betonarme kirişlerde rijitliği ve yük taşıma kapasitesini önemli oranda artırdığı, bununla beraber

sünekliği azalttığı ve yapısal tasarımda istenmeyen ani göçmelere neden olduğu gözlenmiştir.

Günümüzde, FRP uygulamasının hızlı ve ekonomik olduğu bilinen bir durumdur. Çünkü levhalar, betona dıştan uygulanmakta ve güçlendirilen yapısal elemanın performansını önemli ölçüde etkilemektedir. Beton ve FRP arasındaki güçlü bağ, yeterli gerilme transferi için gerekli olmasına karşın, çatlakların oluşması sonrası, âni bir göçmeye ve çok sınırlı enerji emilim kapasitesine neden olmaktadır. Buna karşılık, zayıf arayüz bağı, FRP'de yarılma şeklinde mekanizmalara yol açmaktadır. Böylece, yük transfer kapasitesi azalmakta, betonda, daha derin ve geniş çatlaklar oluşmaktadır. Konuyla ilgili geniş kapsamlı araştırmalar, 1990'lı yılların başından itibaren deneysel, analitik ve nümerik olarak yapılmaktadır.

Betonarme kirişlerin eğilme ve kesme kuvveti etkisine karşı güçlendirilmesi genel olarak, (i) çelik levhalarla, (ii) FRP levhalarla yapılmaktadır. FRP ile güçlendirmede genel yöntemler, FRP'nin kiriş alt yüzeyine uygulanması, (U) şeklinde uygulanması ve tamamen sarılması olarak belirtilebilir. FRP'nin şeritler halinde ve sürekli levha şeklinde uygulaması da mevcuttur. Ayrıca, FRP'deki lifler, farklı açılarla da uygulanabilir. Farklı yapıştırma tertipleri, lif dağılımları ve lif yönleri, birçok güçlendirme düzeni sonucunu çıkarabilir. FRP'nin malzeme içeriği ve kullanım alanlarının irdelenmesi çalışma kapsamı dışında tutulmuştur. Buna karşın, malzeme detayları ve uygulama alanları Ek-A'da verilmiştir.

Plaka yapıştırma -ki, tez çalışması kapsamında yapılacak deneysel çalışmada FRP'ler kirişlere yapıştırılacaktır- mevcut kirişlerin eğilme etikisindeki taşıma gücünü artırmak için en basit yöntemlerden biridir. Bu teknik, betonarme veya farklı malzemeden yapılan kirişlerin güçlendirilmesinde geniş kullanım alanı bulmaktadır. Bu tekniğin, mevcut kirişin dayanım ve rijitliğini artırması yanında çevreyle asgarî etkileşim içinde olması gibi avantajları vardır. Ayrıca, FRP'nin yorulmaya, aşınmaya, korozyona karşı dayanım seviyesi yüksektir. Rijit olması, hafifliği, bölgesel çatlaklar oluşmaması, uygulama kolaylığı ve esnekliği diğer önemli avantajları arasında belirtilebilir.

Tez çalışmasının konusu, betonarme kirişlerin FRP ile güçlendirilmesinde kompozit malzeme davranışını etkileyen parametrelerle ilgilidir. Deneysel ve analitik çalışmalar incelendiğinde, FRP ile güçlendirilmiş betonarme kirişlerin yük taşıma kapasitelerini ifade eden denklemlerde, kayma ve normal gerilmeleri veren ifadeler yer almaktadır. Söz konusu parametrelerin dikkate alınmasının, normal gerilme ve kayma gerilmesi değerlerini değiştireceği bilinen bir durumdur. Arayüz gerilmeleri kirişlerin ayrışma göçmelerini anlaşılmasını ve uygun tasarım koşullarının geliştirilmesini sağlamaktadır.

Betondan FRP'ye gerilme transferleri, güçlendirilen betonarme elemanların davranışında temel etkendir. Çünkü gerilmelerdeki değişim, beklenmeyen erken ve ani göçmelere neden olacak kadar hassas bir yapıya sahiptir. FRP ile güçlendirilen betonarme kirişlerde, farklı göçme biçimleri (*failure modes*) gözlenmektedir [3]. Genel olarak, 6 farklı göçme biçimi belirtilebilir (Şekil 1.1) :

(i) Donatının akmasından önce basınç göçmesi: Donatı çeliği akmasından ve FRP yarılmasından önce basınç etkisi altında beton ezilmesi (beton birim kısalması nihai değeri aşınca. Eurocode 2 için 0.0035, TS500 için 0.003).

(ii) Donatının akmasından sonra basınç göçmesi: Eğilme etkisi nedeniyle çekme donatısında akma durumu. Donatıdaki akmayı, çekme bölgesindeki FRP kopmasından önce, basınç bölgesindeki beton ezilmesi takip eder.

(iii) FRP şeritlerin kopması: Çekme bölgesindeki donatının akmasını takiben FRP'nin nihai şekil değiştirme değerine ulaşması sonrasında, FRP şeritlerde kopma gerçekleşir.

(iv) Kesme Göçmesi: Kirişin kesme kapasitesine ulaşıldığında, mesnet civarından yükleme noktasına kadar kesme çatlakları oluşur.

(v) FRP şeritlerin beton yüzeyden ayrışması: Dengesiz bir davranış şekli olarak, FRP'nin, yüzeyinde kalan beton parçalarıyla, uç bölgelerinden itibaren ayrışması durumudur. Bu durumu takiben, FRP şeritlerin ucundan itibaren beton elemanda eğilme veya kesme/eğilme çatlakları oluşmaya başlayacaktır.

(vi) Kabuk betonunun (paspayı betonu) sıyrılması: CFRP şerit ucunda ilk çatlak oluştuktan sonra, aşamalı olarak, beton parçaları boyuna donatıdan kopmaya başlar ve FRP ile birlikte betonarme elemandan ayrılır.

FRP ile güçlendirilen kirişler için en genel göçme biçimleri, FRP plakanın ayrışması veya paspayı betonunun ayrılması şeklindedir. Her iki beklenmeyen göçme biçimi, yapıştırıcı tabakadaki arayüz gerilme yoğunluğundan kaynaklanmaktadır.

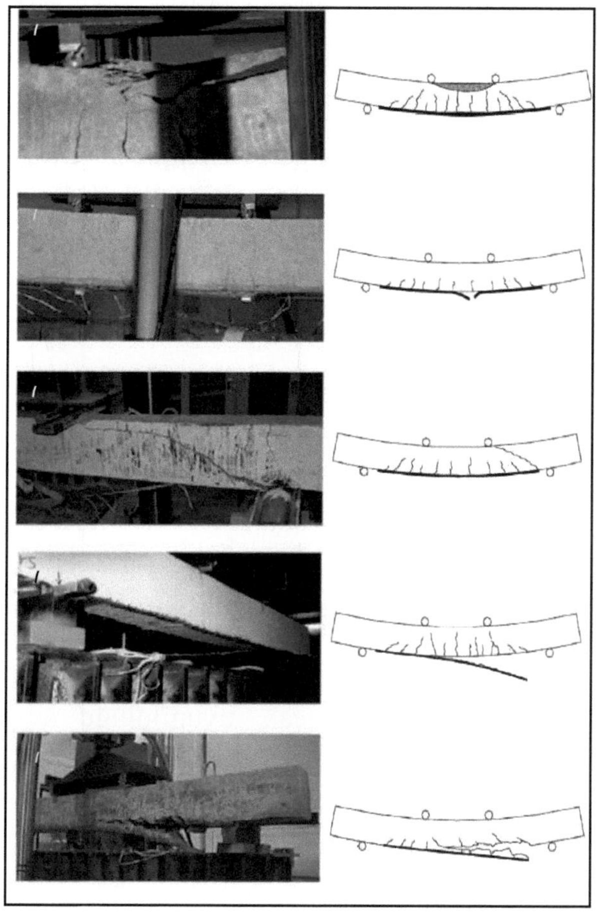

Şekil 1.1 FRP ile güçlendirilen betonarme kirişlerin göçme biçimleri [3] : (a) basınç göçmesi (b) FRP şeritlerin kopması (c) kesme göçmesi (d) FRP şeritlerin ayrışması (e) paspayı betonunun dökülmesi

Belirtilen bilgiler kapsamında, FRP ile güçlendirilen betonarme kirişlerin yük taşıma kapasitesinde, sözkonusu parametrelerin dikkate alınması amaçlanmaktadır. Bu amacı gerçekleştirmek için ilk aşamada deneysel bir çalışma yapılacaktır. Deneysel çalışmada, laboratuar ortamında *0.12x10x55 cm* boyutlarındaki FRP plakalar, laboratuar ortamında üretilen *15x15x75 cm* boyutlarındaki betonarme kirişlere epoksi esaslı bir yapıştırıcı ile yapıştırılacak, yapıştırıcı kalınlığı ise <*1* mm ile *4* mm arasında değiştirilecektir. Çalışmada yapıştırıcı kalınlığı, yapıştırıcı türü ve FRP uygulamasında beton yüzeyinin durumu, üretilen deney numuneleri üzerinde eğilme etkisine maruz bırakılarak mukayeseli olarak incelenecektir. Sonrasında, ANSYS® WB sonlu elemanlar programında FRP'li betonarme kiriş modellenecek ve analizler gerçekleştirilecektir. Programa, yapıştırıcı kalınlığı, yapıştırıcı türü ve beton yüzeyi parametreleri girilerek, analizler neticesinde kayma gerilmesi ve normal gerilme sonuçları elde edilecektir. Sonlu eleman analizleri ile deneysel sonuçlar karşılaştırılacak, uyumluluğu irdelendikten sonra yapıştırıcı-beton ve yapıştırıcı-FRP arasındaki gerilmeler elde edilecektir. Analiz programının çalışma kapsamına alınmasındaki amaç, deneysel çalışma sonrasında, kiriş elemanlarının modellenip analizler vasıtasıyla, elde edilen değerlerin karşılaştırılması ve kompozit eleman davranışını programla da elde ederek, kiriş davranışını belirleyen etkenlerin program kullanılarak daha hızlı ve kapsamlı olarak bulunmasıdır. Ayrıca, literatürde yer alan, betonarme kesitlerin moment-eğrilik ilişkisini belirlemek için geliştirilen programa, FRP ve yapıştırıcı modülleri de eklenerek, FRP'li betonarme kirişin gerilme-şekil değiştirme ve moment-eğrilik ilişkilerinin belirlenmesi hedeflenmektedir.

Laboratuar koşullarında beton üretimi ve donatı hazırlanmasında beklenmeyen sorunların olabileceği endişesiyle, donatılar hazırlandıktan sonra, beton santralinde hazırlanan betonun çelik kalıplara dökülmesiyle betonarme kirişler üretilecektir.

Çalışmada, söz konusu gerilmelerde etkili olan parametrelerin verilmesinin, FRP plakalarla güçlendirilen betonarme kirişler konusunda, yönetmeliklerin geliştirilmesi için gerekli olduğu düşünülmektedir. Böylece, davranışta etkin olan parametreler yardımıyla, FRP uygulanan betonarme kirişlerin davranışını daha iyi anlamak mümkün olacak ve tasarımı en uygun hale getirmek için, mühendislere yol gösterecek öneriler sunulacaktır.

2. Genel Kısımlar

2.1 Literatürde Betonarme Kirişlerin FRP İle Güçlendirilmesi Konusundaki Çalışmalar

Betonarme kirişlerin FRP ile güçlendirilmesi konusunda literatürde çok sayıda çalışma mevcuttur. Tez konusuyla ilgili çalışmalar irdelenmiş, böylece çalışma kapsamının ve yönünün belirlenmesine katkı sağlanması amaçlanmıştır. Ayrıca, incelenen çalışmalarla, FRP'nin güçlendirmede kullanım sahası da sunulmaya çalışılmıştır.

Yang ve arkadaşları (2008), çalışmalarında, keyfi yüklemelere maruz, FRP uygulanmış beton kirişler için yeni bir basit arayüz gerilme formülasyonu geliştirmişlerdir. Formüle etme işlemi, doğruluğu belirlenmiş kapalı çözüm özelliğine sahiptir. Yapılan çözüm, plaka uçlarındaki kayma gerilmelerini dikkate almakta ve iki boyutlu olarak alınan yapıştırıcı bölgesinde üniform olmayan enine normal gerilmeleri içermektedir. Basitleştirilmiş çözüm; daha kesin formülasyonlar, alternatif yaklaşım çözümleri ve deneysel sonuçlarla karşılaştırılarak nümerik doğrulaması yapılmıştır. Yeterli yaklaşıklık ve uygulanabilirlik sağlanmıştır. Bu formülasyonun, güçlendirilen modellerde FRP-beton ayrışmasına neden olan yükleri belirlemek için de kolayca kullanılabileceği ortaya konulmuştur [1]. Çalışmada, FRP plakalı kirişlerin arayüz gerilmelerinin basitleştirilmiş çözümü, formülüze edilerek, Yang ve Ye'deki çözümlerden, nümerik bazı küçük terimler çıkartılarak geliştirilmiştir [2]. Ayrıca, mevcut çalışmalardaki arayüz kayma gerilmelerini veren deneysel verilerin, plakaya bağlanmış deformasyon ölçerler arasındaki ortalama değerler olduğu, böylece, plaka ucuna yakın kayma gerilmelerinin önemli değişimin, özellikle, deformasyon ölçerler uzak konumlandırıldığı durumda tespit edilemediği vurgulanmıştır. Bununla birlikte, yapılan karşılaştırma ile, plaka ucundan uzak bölgede deneysel olarak ölçülen değerler ile mevcut basitleştirilmiş çözüm arasında iyi bir uyum olduğu görülmüştür. Çalışma sonucunda elde edilen basit formülasyonların, bilgisayar programı veya programlanabilir el hesabı kullanılarak, gerilme hesapları için uyumlu hale getirilebileceği görülmüştür. Elde edilen formülasyonların, plakalı betonarme kirişlerde ayrışma dayanımını belirlemek için modellerle birleştirilebileceği anlaşılmıştır.

Wang ve arkadaşları (2007), yorulma yüklemesine maruz, FRP ile güçlendirilmiş köprü kirişlerinin deneysel çalışmasını yapmışlardır. Çalışmalarında, T-kesitli betonarme köprü kirişlerinin güçlendirilmesi için kompozit malzemelerin pratik uygulaması araştırılmıştır. Epoksi reçineyle uygulanan karbon ve cam lifli güçlendirme polimerleri, köprünün servis yük-taşıma kapasitesini artırmak için kullanılmıştır. Üç adet basit mesnetli *5 m* açıklığa sahip kirişler, 10^6 çevrimden fazla tekrarlı ve monotonik (tek) yüklemeye maruz kalmış ve bu yüklemelerden elde edilen sonuçlar karşılaştırılmıştır. Sonuçlar, yorulma yüklemesine maruz kalan karbon ve cam lifi takviyeli FRP ile güçlendirilmiş T-kirişin çok iyi detaylandırılmasıyla beklendiği gibi dayanımı yüksek davranış gösterdiğini ortaya koymuştur. Betonun alt yüzünde ve CFRP (Karbon Lifli Polimer - *Carbon Fibre Reinforced Polymer*) tabakalarında yapılan deformasyon ölçme sonucunda, beton yüzeyi ve CFRP tabakaları arasında kabul edilebilir hiçbir kayma olmadığı görülmüştür. CFRP tabakalarıyla güçlendirilen kirişin alt yüzeyinde çok sayıda ince çatlaklar oluşmuştur. Deney sonuçları, yorulma yüklemesinde, epoksi uygulanan FRP'nin, çelik donatılı duruma göre daha iyi dirence sahip olduğunu göstermiştir [3].

Casas ve Pascual (2007), eğilme etkisinde, FRP'nin ayrışmasını göstermek için basitleştirilmiş bir model oluşturmuş ve deneysel olarak kontrolünü gerçekleştirmişlerdir. Bu amaçla, CFRP ile güçlendirilen örnekler ve büyük ölçekli köprü modelleri dikkate alınmıştır. Deneye tâbi tutulan köprü modellerinin tipleri, öngerilmeli ve monolitik betonarme kirişlerinden oluşmaktadır. Önerilen modelin sonuçlarına dayanarak, FRP ayrışmasını önlemek için FRP'deki her birim genişlik için nihai kuvveti veren bir denklem verilmiştir. Bu denklem, deneysel olarak küçük ve büyük ebatlardaki kirişlerle kontrol edilmiş ve gerçek yapılar için örnek olması sağlanmıştır. Diğer mevcut modellerle karşılaştırıldığında, denklemin uygulama açısından çok basit olduğu anlaşılmıştır [4].

Rougier ve Luccioni (2007), betonarme elemanların FRP ile güçlendirmesinin nümerik değerlendirmesi için çalışma yapmışlardır. Betonarme kolonlar ve kirişler için FRP kullanımına dayanan güçlendirme ve onarım sistemlerinin değerlendirilmesi için kullanılan nümerik bir model, çalışmada kullanılmıştır. Ayrıca çalışmada, FRP ile güçlendirilen kolon ve kirişlerin davranışıyla ilgili uygulama örnekleri vardır. FRP ile güçlendirilmiş donatılı ve donatısız betonarme kolon ve kirişlerin nümerik simulasyonu, plastik hasarlı model kullanılarak yapılmıştır. Model, güçlendirilen elemanın davranışını kesin olarak vermiş ve sadece eksenel doğrultuda değil, enine doğrultuda da beton elemanların eğilme davranışı ortaya konulmuştur. FRP ile güçlendirilen sistemin değerlendirmesinde önemli bir role sahip enine deformasyon hesapları sunulmuştur [5].

Gheorghiu ve arkadaşları (2007), CFRP ile güçlendirilen betonarme kirişlerin dayanımını belirlemek için kapsamlı bir deneysel çalışma yürüterek, betonarme kiriş gibi yapısal elemanlara uygulanan FRP sistemlerinin yeterliliğini araştırmışlardır. Bununla birlikte, aşırı yüklemeye maruz kalan FRP uygulanmış yapısal eleman dayanımı hakkında deneysel verinin azlığı anlaşılmıştır. Çalışmada, küçük ölçekli kiriş, çeşitli sayıda yorulma yüklemesi çevrimlerine ve yük şartlarına maruz bırakılmış, daha sonra monotonik yükleme sonucu göçme durumu deneye tâbi tutulmuştur. CFRP-beton birleşme noktaları kirişin nihâi kapasitesini etkilemeden yorulma yüklemesi değiştirilerek belirlenmiştir. Yük-sehim eğrileri ve deformasyon davranışları, çeşitli yük şartlarına mâruz kalan, CFRP ile güçlendirilen kirişlerin performansını belirlemek için ortaya konulmuştur. Çalışmada, elemanların dayanımında çeşitli yorulma yüklemelerinin etkisi belirlenmiştir. Kirişler, yorulma çevrimlerinin sayısından bağımsız olarak istikrarlı bir yorulma davranışı göstermiştir. İlk yükleme, çatlakların ve mikro çatlakların oluştuğu herhangi diğer yük çevrimlerine göre daha fazla enerjinin sönümlendiği durum olarak ortaya çıkmıştır. Başlangıçta, kirişler, yüzbin çevrime kadar önemli sehim artması göstermiş, daha sonra, bu davranış, yük sayısına karşılık gelen maksimum değerler için asimtotik olan deformasyonlarla stabilize olmuştur. Tüm kirişlerde maksimum sehimin, ilk değerine göre % 40 civarında arttığı gözlenmiştir [6].

Rabinovitch (2005), çalışmasında, FRP'yi kirişe uygulamakta kullanılan yapıştırıcıyı inelastik ve doğrusal olmayan (nonlineer) davranış karakterinde modelleyerek betonarme kirişlerin eğilme davranışını analitik olarak araştırmıştır. Çalışmada, davranışı nonlineer ve inelastik kabul edilen yapıştırıcı kullanılarak kompozit malzemelerle dıştan güçlendirilen betonarme kirişler analitik olarak araştırılmıştır. Matematiksel model, yüksek dereceli teori kavramı (*high-order theory concept*) ve yapıştırıcı malzemenin nonlineer ve inelastik kayma gerilmesi-kayma açısı davranışının dâhil edilmesiyle belirlenmiştir. Söz konusu modeldeki uygunluk şartları virtüel iş prensibiyle belirlenmiş, yapıştırıcıdaki gerilme ve yer değiştirmeler kapalı çözüm olarak elde edilmiştir. Doğrusal olmayan bünye diferansiyel denklemleri, elastik nonlineer yapıştırıcı durumu ve elastik-ideal plastik yapıştırıcı durumunda iteratif olmak üzere nümerik olarak çözülmüştür. Lineer elastik, nonlineer elastik ve elasto plastik yapıştırıcılar kullanılarak FRP ile güçlendirilen iki kirişin nümerik çalışması sunulmuş ve sonlu eleman analiziyle karşılaştırılmıştır. Sonuçlar, bu tür yapıştırıcıların kullanılmasının kirişin yük taşıma kapasitesini ve sünekliğini artırdığını, ayrıca plastik mafsal mekanizması oluşmasını sağladığı göstermiştir. Ayrıca, FRP'nin bitim noktalarına yakın yerlerde kayma gerilmelerinin azaldığı belirlenmiştir [7].

Masoud ve Soudki (2006), çalışmalarında FRP ile onarılan betonarme kirişlerde korozyon aktivitesini deneysel olarak araştırmışlardır. On adet kiriş örneği deneye tâbi tutulmuştur. Örnek kirişlerden biri, referans olarak alınması için güçlendirilmemiş ve korozyona uğraması engellenmiştir. Altı örnek, korozyona maruz bırakılmış ve FRP levhaları ile onarılmıştır. Ana donatılar paslanarak %5,5 kütle kaybına uğradıktan sonra, FRP levhaları uygulanmıştır. FRP onarımını takiben bazı örnekler onarım sonrası performansı araştırmak için daha fazla korozyona maruz kalmıştır. Korozyon aktivitesi, tahrip edici olmayan ve tahrip edici olan tekniklerin kullanılmasıyla değerlendirilmiştir. Deneysel sonuçlar, korozyonun ilerlemesiyle birlikte, korozyonun potansiyel olarak azaldığını ve FRP onarımının, zamana bağlı olarak korozyon potansiyelinde, FRP olmayan duruma göre, daha yüksek oranda korozyon azalmasına neden olduğunu göstermiştir. Sonuçlar, korozyon nedeniyle ana donatıdaki kütle kaybının, FRP onarımının yapıldığı durum gözönüne alındığında, %16'ya kadar azaldığını göstermiştir [8].

Lorenzis ve arkadaşları (2006), çalışmalarında, alt yüzeyine ince plaka yapıştırılmış üniform kesite sahip eğri kiriş ile plaka arasındaki arayüz gerilmeleri için bir model sunmuşlardır. Arayüz kayma gerilmesi ve normal gerilmeler için elde edilen denklemler formüle edilmiş ve sonrasında, uygun basitleştirilmiş kabullerle çözülmüştür. Tekil yük ve düzgün yayılı olarak yüklenen iki durum için basit mesnetli eğri kirişteki arayüz gerilmelerinin dağılımında eleman eğriliğinin etkisini göstermek için iki nümerik örnek verilmiştir. Analitik çözüm, lineer elastik sonlu eleman modeli oluşturularak yapılan çözümle karşılaştırılarak doğruluğu kanıtlanmıştır [9].

Teng ve arkadaşları (2006) çalışmalarında, her iki uçta gerilmeye maruz kalan FRP plaka ile beton arasındaki ayrışma için analitik çözüm gerçekleştirmişlerdir. Farklı yük aşamaları için arayüz kayma gerilmeleri ve yük-yer değiştirme davranışı belirlenmiştir. FRP ile beton ayrışması, detaylı olarak irdelenmiştir. Son olarak, analitik çözümden, bağ uzunluğunun etkisi belirlenmiştir. FRP ile beton arasındaki düğüm noktaları, analitik olarak, beton ve plaka arasında benzer düğüm noktalarıyla, aynı şekilde çözümü yapılmıştır. FRP ile beton arasındaki ayrışma analizi üç aşamadan oluşmuştur: i) elastik, ii) yumuşama (veya mikro çatlak), iii) ayrışma. Üç aşama içinde matematiksel denklemler elde edilmiştir. Daha sonra, yük-yer değiştirme eğrilerini elde etmek için analizler yapılmıştır [10].

FRP-beton arayüzü boyunca ayrışma, yapının zamansız göçmesine yol açtığından hareketle, Wang (2006) çalışmasında, bağ-kayma modelini, FRP plakalı beton kirişteki eğilme çatlaklarıyla oluşan arayüz ayrışmasını incelemek için kullanmıştır. Betonarme kiriş ve FRP plaka, ince bir FRP-beton arayüzünün ince bir tabaka vasıtasıyla tabaka boyunca bağlanan iki doğrusal elastik Euler-Bernoulli kirişi olarak modellenmiştir (*y.n.*Euler-Bernoulli kiriş teorisi veya diğer adıyla sadece kiriş teorisi, düzgün izotropik bir kirişin elastikliğinin basitleştirilmiş bir ifadesidir. Bu teori ile kirişlerin yük taşıma ve çökme karakteristikleri hesaplanır. Bu kiriş, kabule göre bir boyutlu nesne olarak tanımlıdır. Kiriş düzgün olmalı ve yayılı yükler düzlem içinde bulunmalı ve burulma olmamalıdır). Arayüz tabakası, esas olarak, doğrusal olmayan bağ-kayma modeliyle açıklanan gerilme-deformasyon ilişkisinin kırılma bölgesi olarak modellenmiştir. Üç farklı bağ-kayma modeli kullanılmıştır. Ayrışma süreci, bir kaç aşamaya bölünerek, arayüz kayma ve normal gerilmelerinden denge denklemleri elde edilmiştir. Daha sonra, ayrışmanın her bir safhasında, kirişin sehimi, ara yüz kayma gerilmeleri ve normal gerilmeler için kapalı form çözümleri elde edilmiştir. Böylece, elastik deformasyon, ayrışmanın başlangıç ve ilerlemesini içeren tüm ayrışma süreçlerinin bir modelin içinde birleştirilmesi amaçlanmıştır.

Sunulan modelin, FRP-beton arayüz ayrışmasını belirlemek için yeterli ve efektif analitik çözüm olması amaçlanmıştır [11].

Gao ve arkadaşları (2005), çalışmalarında, güçlendirilen betonarme kirişte, paspayı betonunun koptuğu aşamada yük taşıma kapasitesini belirlemek için basit ve kesin tasarım metodolojisi vermişlerdir. FRP şeridinin bittiği noktanın en yakınındaki çekme donatısı etrafındaki betonda, gerilme toplanmalarını hesaba katan analitik bir ifade geliştirilmiştir. Analitik ifadenin elde edilmesi iki ana adımdan oluşmaktadır: i) kompozit hareket durumunda FRP şeritlerindeki çekme gerilmelerinin belirlenmesi, ii) lokal gerilmelerin elde edilmesi ve beton dayanımıyla karşılaştırılmasıdır. Sunulan analitik model esasına dayanarak elde edilen sonuçlar, literatürdeki ellisekiz deneysel veriyle karşılaştırılmış ve değerlerin, FRP ile güçlendirilen kirişlerin tasarımında potansiyel bir uygulamaya sahip olduğu belirlenmiştir. Mevcut modeller karşılaştırıldığında, sunulan modelin, güçlendirilmiş betonarme kirişlerin deneysel yük taşıma kapasitesini belirlemede daha kesin olduğu ve öngörülen/ölçülen yük oranlarının daha yakın olduğu görülmüştür [12].

Jianzhuang ve arkadaşları (2004), beton ve FRP arasındaki bağ davranışını deneysel olarak çalışmışlardır. Çalışmada, FRP ve beton arasındaki bağ davranışını araştırmak için iki çeşit deney tasarlanmıştır. Kayma dayanımını ölçmek için deney düzeneği kurularak, FRP tabakasındaki deformasyon gelişmesi ve dağılımı gerçekleştirilmiştir. Aynı zamanda, kayma gerilmelerinin dağılımı verilmiş ve efektif bağ uzunluğu belirlenmiştir [13].

Lee ve Hausmann (2004), hasarlı betonarme kirişlerin püskürtmeli FRP ile yapısal onarımı ve güçlendirilmesi konusunda çalışma yapmışlardır. Çalışmada, SFRP (püskürtme FRP) ile güçlendirilen betonarme kirişlerin yük taşıma kapasitesi, sünekliği ve enerji sönümleme oranları araştırılmıştır. Aynı zamanda, hasarlı betonarme kirişlerin onarım ve güçlendirilmesinde SFRP kullanımının uygunluğu da değerlendirilmiştir. Betonarme kirişlerde SFRP'nin etkisini ortaya konulması için, hasarlı ve hasarsız kirişe SFRP uygulaması yapılmıştır. Deneylerden, yük kapasitesindeki artışı veren yük-sehim eğrileri ve enerji sönümlenmesindeki değişim elde edilmiştir. Sonuçlar, SFRP'nin, yük taşıma kapasitesini, sünekliği ve enerji sönümleme kapasitesini önemli ölçüde artırdığını ve betonarme kirişlerin güçlendirmesi ve onarımında etkili olduğunu göstermiştir [14].

Wu ve Davies (2003), çalışmalarında, FRP ile güçlendirilmiş betonarme eğilme kirişinin çatlama yük kapasitesini belirlemek için teorik bir yöntem geliştirmişlerdir. Üç noktadan eğilmeye maruz kalan kiriş, çekme bölgesi alt yüzeyine FRP plakası ile dıştan güçlendirilmiştir. FRP plakası ile beton arasında hiçbir kayma olmadığı kabul edilmiştir. Belirlenen yük taşıma kapasiteleri grafiksel olarak gösterilmiştir [15].

Chen ve Teng (2003), FRP ayrışmasıyla nihâi kapasitesine ulaşan, FRP ile güçlendirilmiş kirişlerin kayma kapasitesi için basit, kesin, rasyonel tasarım önerisi geliştirmeye çalışmışlardır. Mevcut dayanım önerileri gözden geçirilmiş ve eksiklikleri belirtilmiştir. Bu kapsamda yeni bir dayanım modeli geliştirilmiştir. Ortaya konulan model, mevcut literatürden elde edilmiş deneysel sonuçlarla doğrulanmıştır. Son olarak, yeni bir tasarım önerisi verilmiştir [16].

Pesic ve Pilakoutas (2003), FRP ile güçlendirilen betonarme kirişlerin, levha bitimi göçmesi ve paspayı betonunun ayrışması problemi üzerinde durmuşlardır. Bu tip göçme için, analitik modeller ve sonlu eleman yöntemlerinin doğruluğu, yayınlanmış olan deneysel verilerle belirlenmeye çalışılmıştır. İlk önce, betonarme kirişlerin kayma kapasitesi ve maksimum beton çekme dayanımı esas alınarak iki tasarım yaklaşımı incelenmiş ve lineer elastik analizlerin, levha bitimi ani beton göçmesini doğru olarak belirleyemediği saptanmıştır. Aynı zamanda, dayanım büyüklüğünün, betonarme kirişlerin kayma kapasiteleriyle sınırlı olduğu sonucuna varılmıştır. Sonlu elemanlar analizi, kritik bölgelerde, çekme donatısının asal çekme gerilmelerinin büyüklüğüne olan etkilerini incelemek için yapılmıştır. Ayrıca, FRP ile güçlendirilmiş kirişlerin sonlu eleman davranışı, kirişin inelastik davranış gösteren lekeli beton çatlak modeli kullanılarak, sonlu eleman analizleriyle belirlenmeye çalışılmıştır. Son olarak, ayrık çatlak yaklaşımı (*discrete crack approach*) kullanılmasıyla plaka ucu ve kesme çatlağı süreksizliği modellenerek, kesme etkisi ve paspayı betonunun kopması nedeniyle oluşan karışık göçme biçimi (*mixed mode of failure*) belirlenmiştir [17]. Çalışmada, FRP ile güçlendirilmiş beton kirişlerin kapasitesini belirlemek için farklı analitik yaklaşımların uygulanabilirliliği araştırılmış ve sonuçlar, plaka ucu ayrışması nedeniyle göçme durumu deneysel olarak test edilen yetmiş yedi adet kirişin sonuçlarıyla karşılaştırılmıştır.

Pesic ve Pilakoutas'un çalışmaları sonucunda : (i) plaka ve gerilme yoğunlaşması için yapılan analitik ve sonlu eleman lineer elastik çözümlerinden, plaka ucu paspayı betonunun kopmasını belirlemede mutlak doğru sonuçlar elde edilememiştir. Beton çekme dayanımıyla ilgili değişkenlerden başka, çekme donatısının varlığı, yapıştırıcı tabaka boyunca düzgün yayılı olmayan gerilme dağılımı, güçlendirilen kirişlerin tüm doğrusal olmayan davranışı, eğilme ve kayma çatlak boşlukları, elde edilen sonuçların farklı olmasının ana nedeni olarak görülmüştür. (ii) ayrışma göçme biçimlerinin (*debonding failure modes*) oluştuğu gerilme seviyeleri doğrudan ölçülemediği için ve deneysel verilerden elde edilen sonuçlardaki diğer belirsizlikler nedeniyle, plaka ucu paspayı betonu kopması için uygulanan kısmi güvenlik faktörlerinin, lineer elastik analizlere dayalı analitik modellerdeki gelişmelerden sonra bile kullanılması gerekli olduğu anlaşılmıştır. (iii) sonlu eleman analizi göstermiştir ki, yapıştırıcının lif dışına taşması, plaka ucundaki betonun çekme gerilmelerinin %10-15 azalmasına sebep olmaktadır. (iv) betondaki kayma çatlakları formasyonu için iki boyutlu sonlu eleman analizlerinde yapılan benzeşmeyle, bu çatlakların yayılmasının, nihai göçme biçimini etkilediği doğrulanmıştır. Kesme çatlağındaki açıklık, betondaki ve yapıştırıcı tabakadaki gerilme yoğunlaşması, plaka ucuna doğru beton-yapıştırıcı ara yüzeyi boyunca, daha fazla çatlak yayılmasına yol açtığı saptanmıştır. Genel olarak, sonlu eleman uygulamasıyla, tam olarak bölgesinin belirlenmesi zor olan kesme çatlaklarının etkisinin nasıl olduğu sorusu, analizlerde açık olarak belirlenmiştir. Doğrusal olmayan sonlu eleman analizi ile güçlendirilmiş kirişin ani göçme durumunda inelastik (elastik olmayan) deformasyonu elde edilmiştir. Aynı zamanda bu analizler, tabakalar halinde göçmeye neden olan kesme çatlak süreksizliklerinin olduğu durumda, gerilme-deformasyon dağılımını belirlemek için yapılmıştır.

Smith ve Teng (2002), FRP ile güçlendirilen kirişlerin davranışında yürütülen çalışmaların çoğunun ya paspayı betonunun kopması ya da betonarme kirişten FRP plakanın ayrışmasıyla plaka ucuna yakın yerlerde ayrışma göçmesi olduğunu saptayarak, mevcut plaka ayrışma dayanım modellerini kapsamlı olarak sunmuşlardır [18]. Her bir model özetlenerek, ele alınan her bir yaklaşıma dayanan üç kategori sınıflandırılmış ve teorik temeller açıklanmıştır. Paspayı betonunun kopması veya yapıştırıcı-beton ara yüzünün ayrışmasıyla oluşan plaka ayrışması, genel olarak FRP'nin betonarme kirişlerin alt yüzüne uygulanmasıyla meydana gelen ayrışma göçme biçimini ortaya koymuştur. Sonuç olarak, oniki dayanım modeli, plaka ucu ayrışmasına neden olan yükleri belirlemek için geliştirilmiştir ki, bunların yedi tanesinde FRP plakalı betonarme kiriş ve beş tanesinde ise çelik plakalı betonarme kirişler üzerinde çalışılmıştır. Oniki model gözden geçirilmiş ve üç kategoride sınıflandırılmıştır: (i) kayma kapasitesi esaslı modeller (ii) beton diş modelleri ve (iii) arayüz gerilmesine dayanan modellerdir. Her bir model, karşılaştırma yapılabilmesi ve gelecekte referans olarak kullanılabilmesi için uyumlu bir notasyon seti kullanılarak sunulmuştur. Ek olarak, her bir modelin teorik temeli açıklanmış ve birbirleri arasındaki ilişki kurulmuştur.

Çekme yüzüne FRP plaka yapıştırılarak eğilmeye karşı güçlendirilen betonarme kirişler, gevrek ayrışma göçmesine karşı hassas olmakta ve bu tür göçmeler, genel olarak plakalı kesitte eğilme göçmesinin oluştuğu yükün aşağısında veya plaka ucuna yakın bir yerde başlamaktadır. Bu kapsamda FRP kompozitlerin kullanılmasıyla eğilme tasarımının yapılmasında, plaka ucu ayrışma göçmesini belirlemek çok önemli olmaktadır. Bu kapsamda, Smtih ve Teng, eş çalışmada [19], oniki modelin her birinin performansı, kapsamlı literatür araştırmasından toplanan, plaka ucu göçmesiyle ayrışmasıyla göçen betonarme kirişlerin geniş deneysel veritabanı kullanılarak değerlendirilmiştir. Gözden geçirme, geleceğe referans olarak birleştirilmiş bir taslak olarak mevcut tüm plaka ucu ayrışma dayanım modelleri verilmiştir. Çalışma, FRP ile güçlendirilmiş basit mesnetli betonarme kirişlerde plaka ayrışması göçmeleri için ellidokuz adet kirişin test sonuçlarını içermekte ve bu veritabanı kullanılarak eş çalışmada gözden geçirilen oniki modelin performansını değerlendirmektedir. Bunun için, plaka ucu ayrışma nedeniyle göçen ellidokuz adet kirişin test sonuçlarını içeren büyük bir deney veritabanı ilk kez verilmiştir. Bu veritabanı, literatürde yayınlanmış geniş araştırmadan elde edilmiştir. Sonuçlar arasında grafiksel karşılaştırmalar ve ayrışma dayanım modelleri verilmiştir.

Ferreira ve diğerleri (2001), FRP donatılarla ile güçlendirilmiş betonarme kirişlerin sonlu eleman analizini gerçekleştirmiştir. Sonlu eleman gibi nümerik bir yöntemin kullanılmasındaki amaç ise, doğrusal olmayan geometrik ve malzeme modeline duyulan ihtiyaçtan doğmuştur. Çelik donatılardaki korozyonun, betondaki porozitenin (gözenekli yapı), inşaat sektöründe genel bir problem olduğundan hareketle, çelik donatıların yerine FRP donatılarının kullanılmasıyla, birçok yapı alanındaki uygulamalarda korozyona karşı daha dayanıklı betonarme elde edilmesi amaçlanmıştır. Beton, elasto-plastik-gevrek kabul edilirken, donatı malzemesi, lineer elastik/gevrek kabul edilmiştir. Kompozit donatılarla güçlendirilmiş basit mesnetli beton kiriş analiz edilmiştir. Güçlendirmenin etkileri ile betondaki kompozit ve çelik donatıların karşılaştırması yapılmıştır. Nümerik analizler ve deneysel çalışmalar, güçlendirilmiş betonarme kiriş için yapılmış ve sonuçlar arasında iyi bir uyum olduğu görülmüştür [20].

Smith ve Teng'in (2001) çalışması, dıştan sarılan plakalarla güçlendirilen kirişlerdeki arayüz kayma gerilmeleri ve normal gerilmelerin belirlenmesiyle ilgilidir. FRP veya çelik plakalar, kirişlerin güçlendirilmesi amacıyla, kirişin alt tarafına uygulanırlar. Bu tür plakalı kirişlerde çekme kuvvetleri plakalarda oluşur ve bu kuvvetler, arayüz kayma gerilmeleri ve normal gerilmeler yoluyla kirişe transfer olurlar. Bu yüzden, ayrışma göçmesi, arayüz kayma gerilmeleri ve normal gerilmelerin kombinasyonu nedeniyle plaka uçlarında oluşabilir. Kirişlerdeki arayüz gerilmeleri için mevcut altı yaklaşık kapalı çözüm gözden geçirilmiş, kabulleri ve sınır şartları belirlenerek ilk kez bu çözümler arasındaki farklılıklar ortaya çıkarılmıştır. Tüm bu çözümler, yapıştırıcı tabaka boyunca arayüz gerilmelerinin değişmemesi kabulüne göre yapılmıştır. Ki bu kabul, arayüz gerilmelerini rölatif olarak basit açık ifadelere olanak sağlayan bir kabuldür [21].

Smith ve Teng'in, çalışması, arayüz gerilmeleri için yaklaşık kapalı form çözümlerinin gözden geçirilmesiyle başlamaktadır. Kabullerin ve sınır şartlarının belirlenmesiyle, çözümler arasındaki farklılıklar belirlenmiştir. Mevcut tüm çözümler, betonarme kirişlerde geliştirilirken, bu yeni çözüm, bazı mutlak terimlerin atlanmasına müsaade edilen ince plaka ile sarılmış herhangi bir malzemeden yapılmış kirişlerin uygulamasında kullanılmıştır. Sonuç olarak, mevcut çözümler arasındaki nümerik karşılaştırmalar ve sunulan yeni çözüm, çeşitli parametrelerin etkisini açık olarak ortaya koymaktadır.

Smith ve Teng'in çalışmasından elde edilen sonuçlar özetlenecek olursa, (i) mevcut tüm çözümler, kirişlerdeki eğilme deformasyonlarını ve yapıştırılan plakadaki eksenel deformasyonları içerir. Bu iki davranış, plakalı betonarme kirişlerdeki arayüz gerilmelerinde egemendir. Mevcut çözümler arasındaki farklılıklar, diğer terimleri dâhil etmedeki farklı seçimlerden kaynaklanmaktadır. Ki bu terimler, betonarme kirişler için çok önemli arayüz kayma gerilmeleri nedeniyle plakadaki ek eğilme deformasyonlarıyla ortaya çıkmaktadır. (ii) yeni çözüm, çözümü zorlaştıran kayma deformasyonları hariç tüm deformasyon terimlerinin etkisini içermektedir. Yine de, denge denklemleri, kesme etkileri dikkate alınarak elde edilmiştir. Yeni çözümün, kiriş ve plakanın rijitliğini karşılaştırabilmekte ve plakanın kullanıldığı her çeşit malzemeden yapılan kirişlere uygulanabilmektedir. (iii) rölatif olarak rijit plaka ile sarılmış kirişler için, önemli derecede farklı sonuçlar, farklı çözümlerden elde edilmiştir. İki mevcut çözüm, sunulan çözümden elde edilen sonuçlara rölatif olarak daha yakın sonuçlar vermiştir. Sunulan çözüm, bütün genel yükleme durumlarını, (tek noktasal yükleme, çift noktasal yükleme, düzgün yayılı yük) kapsamaktadır. Böylece, özellikle rölatif olarak plakanın rijit olduğu durumlarda, kirişin altına plaka uygulamasının basitliği nedeniyle daha geniş uygulanabilen ve kesin çözüm olarak önerilecek bir yöntemdir.

Khalifa ve Nanni (2000), çalışmalarında, T-kesitli betonarme kirişlerin kesme kuvvetine karşı performansını araştırmıştır. Farklı yapılandırmaya sahip CFRP ile örnek kirişlerin kesme etkisine karşı güçlendirilmesi hedeflenmiştir. Deneysel çalışma, altı tam boyutlu basit mesnetli kirişle yürütülmüştür. Bir kiriş, referans kirişi olarak alınmış, diğer beş kiriş CFRP'nin farklı uygulanmasıyla kullanılmıştır. Deneysel çalışma, CFRP'nin kirişin kesme kapasitesini önemli ölçüde artırdığını göstermiştir. Buna ek olarak, (U) şeklinde uygulanan CFRP'nin en etkili konfigürasyon olduğu görülmüştür. Tasarım algoritmalarında, ACI (*American Concrete Institute*) ve Eurocode Şartnameleri referans alınmıştır. Sonuçlar, önerilen tasarım yaklaşımının ölçülü ve kabul edilebilir olduğunu göstermiştir [22].

Alsayed (1998), çelik ve cam lif donatılarla güçlendirilen oniki adet beton kirişin yük-şekil değiştirme sonuçlarını elde etmiş ve karşılaştırmalarını sunmuştur. Çalışmanın nümerik aşamasında, bilgisayar modeli, *ACI* yük-şekil değiştirme modeli ve literatürde, FRP donatılarla güçlendirilen betonarme kiriş için modifiye edilmiş yük-şekil değiştirme modeli kullanılarak oluşturulmuştur. Deney kirişlerinin tasarımında, şekil değiştirme limiti ve betonun nihai dayanımı, kontrol parametreleri olarak alınmıştır. Bilgisayar modeliyle; ölçülen servis ve tam yük-şekil değiştirme eğrilerinin kesin öngörüsünün elde edilmesi sağlanmıştır. Servis yük şekil değiştirmesi ve nihâi eğilme dayanımındaki hatalar sırasıyla %10 ve %1'den az çıkmıştır. Cam lifle güçlendirilen kirişte, *ACI* modeliyle belirlenen servis yük şekil değiştirmesi, %70 hatayla elde edilirken, değişiklik yapılmış modelde bu hata %15'ten daha az elde edilmiştir [23].

Tounsi ve Benyoucef (2007), çalışmalarında, kompozit plakalarla güçlendirilen betonarme kirişlerde, arayüz gerilmeleri dağılımını belirlemek için analitik bir yöntem geliştirmişlerdir. Sunulan analizde, kayma ve yüzey gerilmelerini belirlemek için, FRP plakasında lif yönünü dikkate alan, basit bir teorik model ortaya konulmuştur. Sunulan çözümlerin nümerik sonuçları, FRP plaka ile güçlendirilen betonarme kirişte arayüz gerilmelerinin dağılımında çeşitli parametrelerin etkisini göstermek için verilmiştir. Bu sonuçlar, güçlendirilen kirişlerde arayüz gerilme dağılımlarının ana karakteristiklerini ortaya koymuştur [24].

Tounsi ve arkadaşları, (2008) çalışmalarında, FRP plakalı betonarme kirişlerde kayma deformasyonlarının etkisinin dikkate alarak, arayüz gerilmeleri için bir çözüm geliştirmişlerdir. Analizlerde, yapıştırıcı tabaka boyunca kayma ve normal gerilmelerde değişme olmadığı kabul edilerek, deformasyon uyumu yaklaşımı (*deformation compatibility approach*) esas alınmıştır. Analitik çalışmada, betonarme kiriş ve yapıştırılan plakanın her ikisinin kalınlığı boyunca parabolik kayma gerilmelerinin hesaba katılmasıyla kayma deformasyonları belirlenmiştir. Çalışmanın son kısmında, plaka rijitliği, plaka kalınlığı, betonarme kirişin elastisite modülü ve yapıştırıcı tabakanın elastisite modülü gibi değişik tasarım parametreleri dikkate alınarak parametrik çalışma gerçekleştirilmiştir. Plaka rijitliği azaldıkça (rijitlik, büyükten küçüğe doğru; çelik, karbon FRP ve cam FRP) arayüz gerilmelerinin azaldığı belirlenmiştir. Plaka kalınlığı parametresi araştırıldığında, FRP kalınlığı artıkça, arayüz gerilmeleri de artmaktadır. Bu sonuca göre, daha az gerilme olması açısından, FRP'nin çeliğe bir avantajı söz konusu olmaktadır. CFRP'li betonarme kirişlerin farklı elastisite modüllerine göre analizler yapıldığında, betonarme kirişte elastisite modülü arttıkça, gerilmelerin azaldığı saptanmıştır. Yapıştırıcı kalınlığında farklı elastisite modüllerine göre analizler sonucunda, önemli bir farklılığın olmadığı, sadece plaka ucunda, elastisite modülünün artmasının, kayma ve normal gerilmeleri arttırdığı görülmüştür. Bu kapsamda, çalışmada, düzgün yayılı yüke maruz, ince kompozit ve çelik plakalı, basit mesnetli betonarme kirişlerde yeni bir teorik arayüz gerilme analizi sunulmuştur. Kayma deformasyonlarını ihmal eden klasik çözümlerin, yapıştırıcı gerilme dağılımlarını ve maksimum arayüz gerilmelerini olduğundan fazla belirlediği ve deneysel sonuçlarla karşılaştırıldığında, yeni çözümün, plakalı kirişlerin arayüz gerilmelerini belirlemede yeterli olduğu anlaşılmıştır [25].

Benyoucef ve arkadaşları, (2007), çalışmalarında, FRP plakalı betonarme kirişlerde, sünme ve büzülme etkilerini dikkate alarak, arayüz gerilmeleri için kapalı form çözümü sunmuşlardır. Yapıştırılan plakada oluşan çekme kuvvetleri, arayüz kayma ve normal gerilmeler yoluyla kirişe transfer olmakta, yüksek kayma ve normal arayüz gerilmelerin kombinasyonu nedeniyle plaka uçlarında ayrışma göçmesi meydana gelmektedir. Bu kapsamda, kiriş ve plaka arasındaki bu gerilmeler, literatürde, lineer elastik bölge için analitik olarak araştırılmıştır. Fakat, bu araştırmaların hiçbirinde, sünme ve büzülme etkisinin dikkate alındığı arayüz gerilmeleri incelenmemiştir. Bu çalışmada, FRP plaka ve betonarme kiriş arasındaki arayüz gerilmeleri için analitik bir model sunulmuştur. FRP ile güçlendirilmiş betonarme kiriş için nümerik örnekler, plaka ucundaki kayma ve normal gerilmeler dikkate alınarak yapılmıştır. Üç durum, nümerik olarak çalışılmıştır. İlk durumda, mevcut farklı yöntemler ve sunulan çözümün arayüz gerilmeleri karşılaştırılmıştır. Sunulan yeni çözümün, diğer yöntemlerle, arayüz kayma ve normal gerilmeler açısından, oldukça yakın değerlere sahip olduğu görülmüştür. Bu örnekte, sünme ve büzülme etkisi dikkate alınmamıştır. İkinci durumda, kompozit ve betonarme kirişin davranışı zamana bağlı olarak araştırılmıştır. Bu duruma ait sonuçlar incelendiğinde, kenar arayüz gerilme değerlerinin, ilk aylarda maksimum değerlere ulaştığı, sonra azaldığı ve uzun bir süre sonra (t=4000 gün civarı) sabit hale geldiği görülmüştür. Son olarak, FRP plakalı betonarme kirişte, arayüz gerilme dağılımları için değişik parametrelerin etkisi parametrik olarak çalışılmıştır. Son duruma ait sonuçlara bakıldığında, betonarme kirişte güçlendirilmemiş bölgenin uzunluğu boyunca (plaka ucu mesnetten uzaklaştıkça) gerilmelerin hızla arttığı görülmüştür. Bu sonuç, herhangi bir güçlendirme durumunda, orta bölgedeki belirli maksimum eğilme momenti bölgesinde güçlendirmenin yapılması gerektiğini göstermektedir. Ayrıca yapıştırıcı tabaka kalınlığı arttıkça, maksimum arayüz gerilmelerinin azaldığı, FRP plakadaki tabaka sayısı arttıkça, yüzey ve kayma gerilmelerinin arttığı belirlenmiştir [26].

2.2 Çalışma Konusuyla ilgili Paralel Çalışmaların Ayrıntılı olarak İncelenmesi

2.2.1 Genel

Bu kısımda, FRP ile betonarme kirişlerin güçlendirilmesi konusunda, deneysel, analitik ve nümerik çalışmalar ayrıntılı bir şekilde sunulmaya çalışılacaktır. Burada amaç, deneysel çalışmaları kapsamlı olarak vermenin yanı sıra, gerçekleştirilecek olan deneysel çalışma ve nümerik analizler için ilkelerin belirlenmesidir.

2.2.2 Kompozit Plakalarla Güçlendirilen Betonarme Kirişlerin Arayüz Kayma Transferi

(Interfacial Shear Transfer of RC Beams Strengthened By Bonded Composite Plates) J.Q. Ye

2.2.2.1 Çalışmanın Amacı

Yapılan çalışmada, kompozit levhalarla güçlendirilen betonarme kirişlerde, arayüzey kayma gerilmelerini belirlemek için bir analitik model geliştirilmiştir. Analizler, basınç altında betonun doğrusal olmayan (non-lineer) davranışına göre yapılmıştır. Parametrik bir çalışma da yapılarak, yapıştırıcının kalınlığı, malzeme özellikleri ve mesnetten levhanın bitim noktasına olan uzaklığının etkisi belirlenmeye çalışılmıştır [27].

Çalışmada, analitik ve iteratif metot, FRP kompozit levhalarla güçlendirilen betonarme kirişlerin ara yüzeylerinde kayma gerilmesinin transferini araştırmak için kullanılmıştır. Doğrusal olmayan deformasyon-gerilme ilişkisi, basınç altındaki beton için kullanılmıştır. Çelik donatılar ve kompozit levhalar, sırasıyla, elastik, ideal plastik ve lineer elastik olarak kabul edilmiştir. Nümerik sonuçlar elde edilmiş ve alternatif yöntemden elde edilen sonuçlarla karşılaştırılmıştır. Ayrıca, sonuçlarda, yapıştırıcı tabakanın kalınlığı, FRP levhaların malzeme özellikleri ve yapıştırılan plakaların mesnetten uzaklığının etkileri yer almıştır. Bu kapsamda, FRP levhalarla güçlendirilen kirişlerin ara yüzeylerindeki kayma transferini araştırmak amaçlanmıştır. Basınç altında, betonun doğrusal olmayan özellikleri dikkate alınmıştır. Önerilen yöntemin kullanılmasıyla elde edilen nümerik çözümler, alternatif yöntemlerin sonuçlarıyla karşılaştırılmıştır. Bu yöntemin, deneysel metotlarla uyumluluğu irdelenmiştir.

2.2.2.2 Temel Esaslar

Basınç altında, betondaki gerilme-deformasyon ilişkisi, Hognestad'ın idealize edilmiş gerilme-deformasyon eğrisiyle [28] belirlenmiştir (Şekil 2.1).

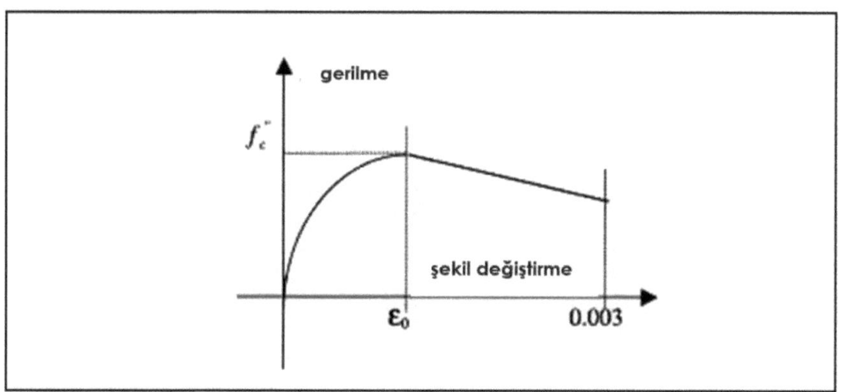

Şekil 2.1 Betonun gerilme-deformasyon (stress-strain) ilişkisi

Basınç gerilmesi-deformasyon ilişkisi,

$$\sigma_c = f_c'' \left[\frac{2\varepsilon_c}{\varepsilon_o} - \left(\frac{\varepsilon_c}{\varepsilon_o} \right)^2 \right] \qquad 0 \le \varepsilon_c \le \varepsilon_o$$

$$\sigma_c = f_c'' \left[1 - \frac{0{,}15}{0{,}004 - \varepsilon_o} (\varepsilon_c - \varepsilon_o) \right] \qquad \varepsilon_o \le \varepsilon_c \le 0{,}003 \qquad (2.1)$$

Burada, σ_c ve ε_c sırasıyla betondaki basınç gerilmesi ve deformasyonu, $f_c'' = \zeta f_c'$ ve f_c' beton basınç dayanımı, f_c'' ise betondaki maksimum basınç gerilmesidir. $\varepsilon_o = 2 f_c'' / E_c$ olmak üzere, ε_o maksimum gerilmede betonun deformasyonu ve E_c betonun elastisite modülüdür.

Çelik donatıların gerilme-deformasyon ilişkisi, aşağıda belirtildiği üzere, elastik-ideal plastik olarak kabul edilmiştir :

$$\sigma_s = E_s \varepsilon_s \qquad 0 \le \varepsilon_s \le \varepsilon_y$$

$$\sigma_s = E_s \varepsilon_y \qquad \varepsilon_y \le \varepsilon_s \qquad (2.2)$$

Burada, σ_s ve ε_s sırasıyla çelikteki gerilme ve deformasyon, E_s çeliğin elastisite modülü ve ε_y çeliğin akma deformasyonudur. FRP kompozit plakaların gerilme-deformasyon ilişkisi,

$$\sigma_p = E_p \varepsilon_p \qquad (2.3)$$

Burada, σ_p ve ε_p sırasıyla plakalardaki gerilme ve deformasyon, E_p FRP'nin elastisite modülüdür.

Arayüz kayma ve normal gerilme değerlerini (τ ve σ) belirlemek için analitik ifadeler çıkarılır. Daha sonra, sırasıyla beton, donatı ve FRP'deki eksenel kuvvetler (F_c, F_s, F_p) ve moment (M_c, M_s, M_p) ifadeleri analitik denklemlerle elde edilir (Ek-C).

2.2.2.3 Nümerik Hesaplama ve Sonuçlar

Nümerik hesaplar, çelik donatılar ve kompozit levhalarla güçlendirilen dikdörtgen kirişlerle yapılmıştır. Kirişlerin geometrik ve malzeme özellikleri, Tablo 2.1'de verilmiştir.

Tablo 2.1 Geometrik ve malzeme özellikleri

Malzeme	b (mm)	h (mm)	E (MPa)	f_c'(MPa)	f_y (MPa)	t (mm)	G (MPa)	A_{st}/A_{sc} (mm^2/ mm^2)
Beton	200	400	27990	34.32	-	-	-	-
Donatı	-	-	200000	-	456	-	-	265/265
Yapıştırıcı	-	-	-	-	-	2	297	-
FRP levha	-	-	37230	-	-	6	-	-

Şekil 2.2, levhanın bitim noktalarına yakın yerlerde arayüz kayma gerilmesi ve normal gerilmelerin dağılımını göstermektedir. Kiriş, simetrik olarak, iki adet $P=100$ kN yüke maruz bırakılmış ve sonlu eleman metodu kullanılarak analiz edilmiştir. Analizde dört noktalı iki boyutlu düzlem gerilme elemanları kullanılmıştır. Özel bir durum olarak lineer betonun

çözümleri elde edilerek, Malek ve arkadaşlarının [29] çalışmasıyla özdeş oldukları görülmüştür. Kullanılan yöntemde verilen gerilme dağılımlarının, sonlu eleman metodu kullanılarak elde edilen gerilmelerle uyum içinde olduğu görülmektedir. Elde edilen sonuçlar, levhanın bitim noktasında kayma gerilmesi yoğunlaşması olduğunu ve bu noktadan itibaren gerilmelerde hızlı bir azalmanın olduğu göstermiştir.

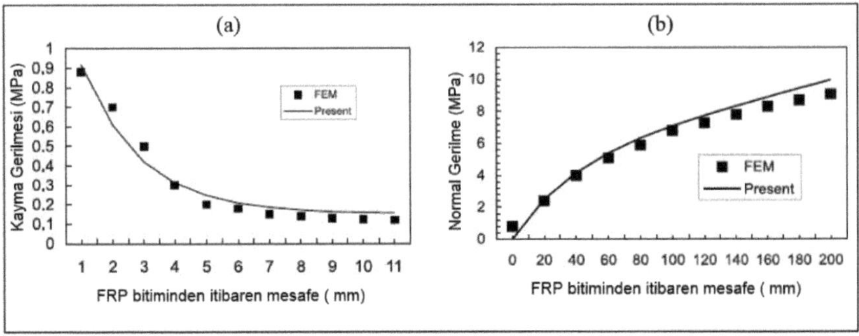

Şekil 2.2 Plaka ucuna yakın bölgedeki gerilmeler (a) kayma gerilmeleri (b) normal gerilmeler

Şekil 2.3 (a) ve (b), farklı levha malzemeleri, E_p ve yapıştırıcı tabaka kalınlıkları, t_a için plakanın bitim yerine yakın kayma gerilmeleri dağılımını göstermektedir. Buna göre, Şekil 2.3 (a)'dan levhanın elastisite modülü arttıkça, kayma gerilmeleri seviyelerinin mesafe boyunca arttığı anlaşılmaktadır. Bununla birlikte, Şekil 2.3 (b)'den, yapıştırıcı kalınlığı değiştirildiğinde, sadece, levhanın bitim noktasından çok kısa mesafede değişiklik olduğu, mesafe arttıkça, yapıştırıcı kalınlığının, gerilmeleri değiştirmediği görülmektedir.

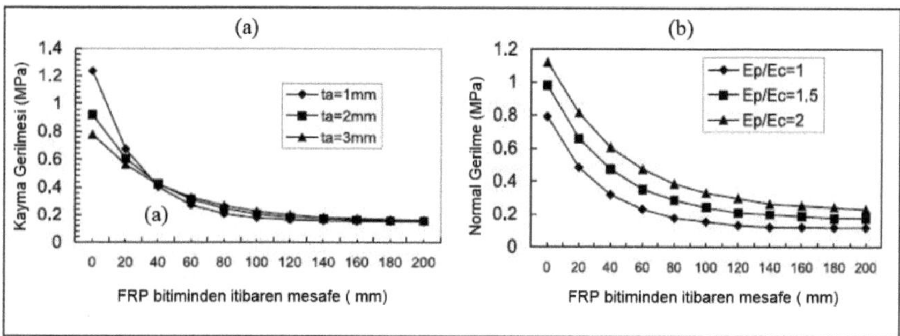

Şekil 2.3 Kayma gerilmeleri değişimi (a) elastisite değerleri için (b) yapıştırıcı tabaka kalınlıkları için

Şekil 2.4'te plakanın malzeme özelliği veya değişik kalınlıktaki yapıştırıcı tabakaları için FRP plakadaki boyuna normal gerilmeleri görülmektedir. Şekil 2.3'te kayma gerilmeleri için yapılan değerlendirmeler burada boyuna normal gerilmeler içinde geçerlidir.

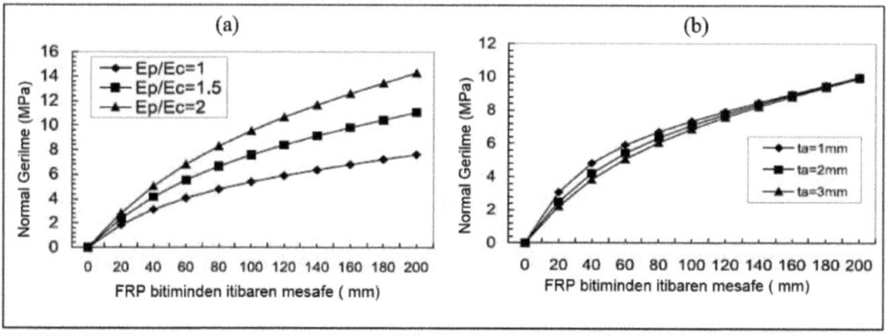

Şekil 2.4 Normal gerilmelerdeki değişim (a) elasitisite değerleri için (b) yapıştırıcı tabaka kalınlıkları için

Şekil 2.5'te, sırasıyla, kiriş mesnetinden, üç farklı mesafede (X_o) sonlandırılan FRP levhalarında, kayma gerilmeleri ve normal gerilmelerdeki değişimler gözlenebilir. FRP'nin bitim yerinin mesnetten mesafesi arttıkça, kayma ve normal gerilme değerlerinin arttığı görülmüştür. Kayma gerilmelerinin, sadece, levhanın bitim noktasına yakın bölgede, önemli ölçüde arttığı gözlenmiştir.

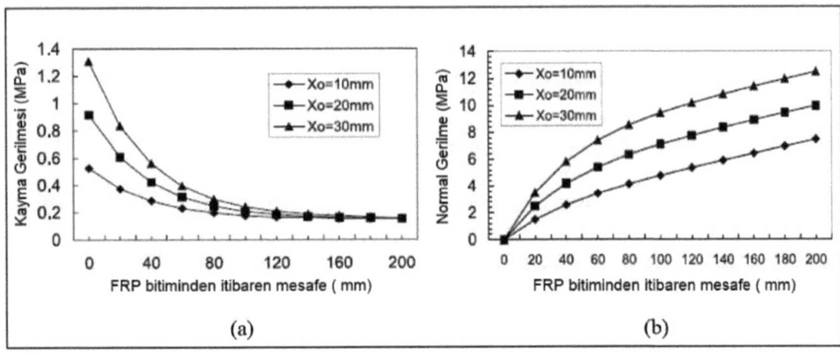

Şekil 2.5 Mesnetten değişik mesafeler için gerilmeler (a) kayma gerilmeleri (b) normal gerilmeler

2.2.2.4 Sonuçlar

FRP plaka yapıştırılarak güçlendirilen beton kirişlerin arayüzlerinde kayma transferini araştırmak için analitik bir yöntemin sunulduğu çalışmada, basınç altında betonun doğrusal olmayan özellikleri dikkate alınmıştır. Kullanılan yöntemle elde edilen nümerik çözümler, alternatif metotlardan elde edilen nümerik çözümlerle karşılaştırılmıştır. Deneysel yaklaşımlarla, sunulan metodun uyumluluğu irdelenmiştir.

FRP levhanın bitim noktasında, belirgin gerilme yoğunlaşması gözlenmiştir. Ayrıca, nümerik sonuçlar göstermiştir ki, a) Daha ince yapıştırıcı kullanıldığında, b) Daha rijit (elastisite modülü arttırılan) FRP levha kullanıldığında, c) FRP levha, mesnetten daha uzak sonlandırıldığında, levhanın bitim noktasındaki kayma gerilmeleri daha yüksek değerlere sahip olmaktadır. Çalışmada, tasarım parametrelerinin değişmesi sonucu, sadece levhanın bitim noktasından kısa mesafede, kayma dağılımının etkisi belirlenmiştir.

Betondaki çatlakların yayılması ve varlığı ilgili olarak daha fazla araştırmaya gereksinim olduğu, ayrıca, ara yüzey kayma gerilmelerinin dağılımı boyunca oluşan çatlak açıklıklarında, kayma yoğunluğunun dikkate alınması gerektiği vurgulanmıştır.

2.2.3 FRP ile Güçlendirilen Betonarme Kirişler: Ayrışma Dayanım Modellerinin İncelenmesi

(FRP-Strengthened RC Beams. I :Review of Debonding Strength Models) Smith S.T &.Teng J.G

2.2.3.1 Çalışmanın Amacı

Çalışma, dıştan sarılan plakalarla güçlendirilen kirişlerde arayüz kayma gerilmesi ve normal gerilmelerin belirlenmesini içermektedir. Mevcut çalışmaların çoğunda, paspayı betonunun sıyrıldığı ya da sıyrılmadığı durumlarda FRP plakadaki ayrışmayla oluşan beklenmeyen göçmeler (*premature failure*) araştırılmıştır. Genel saptama, ya beton örtünün ayrılmasıyla, ya da betonarme kirişten FRP plakanın ayrışmasıyla plaka ucuna yakın yerlerde ayrışma göçmesi oluştuğudur. Smith ve Teng [18] çalışmalarında, mevcut plaka ayrışma dayanım modellerini kapsamlı olarak incelemişlerdir. Her bir model özetlenmiş, ele alınan yaklaşıma dayanan üç kategoriden birine göre sınıflandırılmış ve teorik esasları açıklanmıştır. Yapılan çalışmanın, konuyla ilgili literatürde yayınlanmış bilgilerin toplanarak gelecek araştırmalara referans olacak bir çalışma olması hedeflenmiştir.

Çalışmada, birçok göçme biçimi belirlenmiştir. Altı ana göçme modu Şekil 2.6'da şematik olarak verilmiştir. Göçme biçimleri, (a) FRP kopmasıyla eğilme göçmesi (b) beton basınç ezilmesiyle eğilme göçmesi (c) kesme göçmesi (d) beton örtüsünün ayrılması (e) plaka ucu arayüz ayrışması ve (f) orta çatlak nedeniyle oluşan arayüz ayrışması'dır.

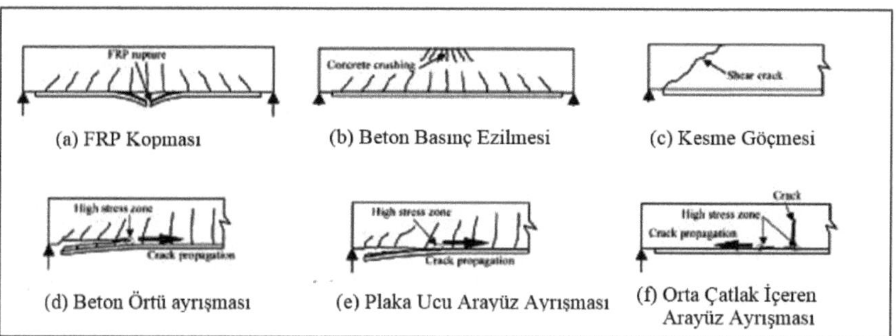

Şekil 2.6 FRP ile güçlendirilen betonarme kirişlerin göçme biçimleri : (a) FRP kopması (b) Beton basınç ezilmesi (c) Kesme göçmesi (d) Beton örtü ayrışması (e) Plaka ucu arayüz ayrışması (f) Orta çatlak nedeniyle arayüz ayrışması

Deneysel çalışmada, göçme biçimlerinden paspayı betonunun ayrılması durumuna ait genel ve detay görünüm Şekil 2.7'de görülmektedir.

Şekil 2.7 FRP plakalı betonarme kirişte göçme biçimi (a) genel görünüm (b) detay görünüm

2.2.3.2 Mevcut Ayrışma Dayanım Modellerinin Gözden Geçirilmesi

Mevcut literatürün kapsamlı araştırılması sonucu oniki ayrışma dayanım modeli belirlenmiştir. Bunlardan yedi tanesi son birkaç on yılda FRP plakalı betonarme kirişler için ortaya konulmuştur [30-35]. Diğer beş tanesi çelik plakalı kirişlerde plaka ucu ayrışması için verilmiştir [36-39]. Plaka ucu ayrışması, ya beton örtü ayrışması ya da beton yapıştırıcı ara yüzünde meydana gelmektedir. Plakanın farklı mekanik özelliklerinin önemli bir rol oynaması beklenmesine rağmen, plakanın geometrik ve malzeme özellikleri gerektiği gibi hesaba katıldığında, dayanım modellerinin plakanın farklı tipleri için uygulanabilirliği beklenebilecektir.

Mevcut ayrışma dayanım modelleri üç kategoride sınıflandırılmıştır : (a) kesme kapasitesine dayanan modeller [33,36,38] (b) beton diş modelleri [32,35,39]. (c) arayüz gerilmesine dayanan modellerdir [18,30,34]. Bu kısımda, (a) ve (c) de belirtilen dayanım modelleri irdelenecektir.

2.2.3.3 Kesme Kapasitesine Dayanan Modeller

Bu modellerdeki genel özellik, ayrışma göçme dayanımının, betonun kesme dayanımıyla veya sadece kesme donatısının kısmi dağılımıyla ilgili olmasıdır. Ayrışma dayanımı, genel olarak moment etkisinin dikkate alındığı veya alınmadığı plaka ucu kesme kuvveti olarak verilir. Plaka ve kiriş arasındaki arayüz gerilmelerinin değerlendirilmesine gerek olmadığı için gerekli hesaplar genel anlamda basittir.

a) Oehlers'in Modeli

Ohlers & Moran [40] ve Ohlers [36], basit mesnetli, üç ya da dört noktadan eğilmeye maruz çelik plakalı kirişleri araştırmışlar ve ilk olarak plakanın iki ucunun sınırlandırılmasını dikkate alarak dayanım modeli geliştirmişlerdir. Sabit moment bölgesiyle sınırlandırılan plaka için, plaka ucundaki $M_{db,f}$ eğilme ayrışma momenti için aşağıdaki ifade verilmiş ve çelik plakalı kirişlerin deney sonuçlarıyla düzeltilmiştir :

$$M_{db,f} = \frac{E_c I_{tr,c} f_{ct}}{0,901 E_{frp} t_{frp}} \qquad (2.4)$$

Burada, E_c ve E_{frp} beton ve FRP'nin elastisite modülleridir. $I_{trc,c}$ çatlamış plakalı kesitin atalet momenti, f_{ct} betonun silindir yarma mukavemeti ve t_{frp} plaka kalınlığıdır. Eğer yarma mukavemeti deneylerden elde edilemezse, f_{ct} $0,5\sqrt{f_c'}$ (Mpa) olarak alınacaktır. Burada, f_c' silindir basınç dayanımıdır. Tasarımda kabul edildiği üzere, bu moment, plaka kirişe yapıştırıldıktan sonra kirişte oluşan ek momentle karşılaştırılabilecektir.

Mesnet yakınında sınırlandırılan plaka için, ayrışma, plaka ucundaki kesme kuvveti, $V_{db,s}$, kesme donatısının katkısı olmaksızın sadece betonun olduğu durumda, kayma kapasitesine ulaştığında ayrışma meydana gelecektir. Plaka ucu kayma kuvveti, deneysel gözlemler esas alınarak,

$$V_{db,s} = V_c = [1{,}4 - (d/2000)] b_c d \left[\rho_s f_c' \right]^{1/3} \tag{2.5}$$

olacaktır. Burada, $\rho_s = A_s / b_c d$ çekme donatısı oranı, A_s çekme donatısı alanı, b_c kesit genişliği ve d, kesitin efektif derinliğidir. Yukarıdaki V_c, Avusturalya Beton kodu [41] tarafından verilen kirişteki betonun kesme kapasitesidir.

Plaka ucu kesme kuvveti ve momentin her ikisinin önemli olduğu durumlar için aşağıdaki etkileşim denklemi, deney sonuçlarına dayanmaktadır [36] :

$$\frac{M_{db,end}}{M_{db,f}} + \frac{V_{db,end}}{V_{db,s}} \leq 1{,}17 \tag{2.6}$$

ve

$$M_{db,end} \leq M_{db,f} \, , \, V_{db,end} \leq V_{db,s} \tag{2.7}$$

olacaktır. Plaka ucu kayma kuvveti terimleri düzenlenirse,

$$V_{db,end} = \left[\frac{1,17}{\frac{a}{M_{db,f}} + \frac{1}{V_{db,s}}} \right] \tag{2.8}$$

ve

$$V_{db,end} a \leq M_{db,f} \quad , V_{db,end} \leq V_{db,s} \tag{2.9}$$

Burada, *a,* mesnetten plaka ucuna olan mesafedir.

b) Jansze'nin Modeli

Jansze'nin modeli [38], kesme donatısı katkısının dikkate alınmadığı betonarme kirişte kesme çatlağı başlangıcına dayanır. Plaka ucunda betonarme kirişteki kritik kesme kuvveti, $V_{bd,end}$ ayrışmaya sebep olacaktır :

$$V_{db,end} = \tau_{PES} b_c d \tag{2.10}$$

Burada,

$$\tau_{PES} = 0,18 \cdot \sqrt[3]{3 \frac{d}{B_{\text{mod}}}} \left(1 + \sqrt{\frac{200}{d}} \right) \sqrt[3]{100 \rho_s f_c'} \tag{2.11}$$

$$B_{\text{mod}} = \sqrt[4]{\frac{\left(1 - \sqrt{\rho_s}\right)^2}{\rho_s} da^3} \tag{2.12}$$

Denklemdeki, *B*, kesme açıklığı ve B_{mod} Dnk. 2.12 ile verilen, modifiye edilmiş kesme açıklığıdır. Eğer, Dnk. 2.12'de belirtildiği gibi B_{mod}, kirişin B kesme açıklığından büyükse, o zaman modifiye edilmiş kesme açıklığı, $(B_{mod}+B)/2$ olmalıdır. Jansze'nin modeli, B_{mod}'un 0 (sıfır) olduğu ve Dnk. 2.11'in öngördüğü ayrışmanın mümkün olmadığı mesnette sınırlanan plakalar için geçersiz görünmektedir.

2.2.3.4 Arayüz Gerilmesine Dayanan Modeller

Beton örtüsünün ayrılması veya plaka ucu arayüz ayrışması, plaka bitimindeki yüksek arayüz gerilmelerinden oluşmaktadır. Şekil 2.8, yapıştırıcı tabakanın bitiminde, beton elemandaki gerilme durumlarını göstermektedir. Burada, τ kayma gerilmesi ve σ_y enine normal gerilmeleri ve σ_x boyuna normal gerilmeleri göstermektedir.

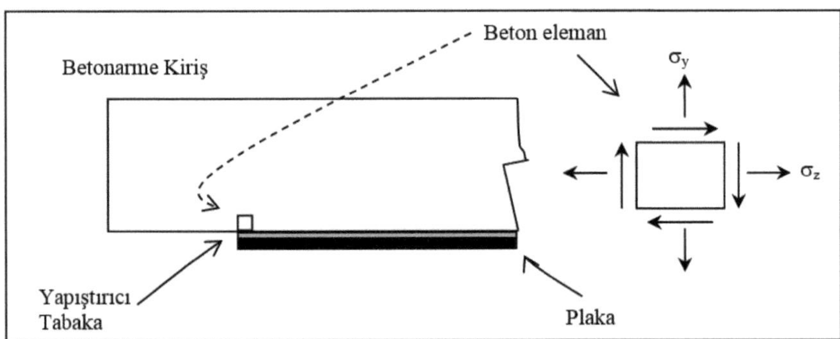

Şekil 2.8 Plaka ucundaki beton elemanda oluşan gerilmeler

Arayüz gerilme esaslı ayrışma dayanım modelleri, genel olarak mevcut kapalı form çözümlerini ve beton göçme kriterindeki arayüz gerilmelerini kullanmaktadır.

a) Ziraba ve Diğerlerinin Modelleri

Ziraba ve diğerleri, çelik plakalı betonarme kirişler için iki ayrışma dayanım modeli ortaya koymuşlardır. Biri, plaka ucu arayüz ayrışmasının belirlenmesi ve diğeri Model I ve Model II [37] olarak ifade edilen paspayı betonu ayrılmasının belirlenmesidir.

Model I: Plaka Ucu Arayüz Ayrışması

Bu modelde, Mohr-Coulomb göçme kriteri, plaka ucu arayüz ayrışmasında kritik gerilme durumunu belirlemek için kullanılmıştır:

$$\tau + \sigma_y \tan\phi \leq C \qquad (2.13)$$

Burada τ ve σ_y plaka ucunda en büyük arayüz kayma geirlmesi ve normal gerilme, C, kohezyon katsayısı ve ϕ iç sürtünme açısıdır. En büyük kayma gerilmesi ve normal gerilme ifadeleri,

$$\tau = \alpha_1 f_{ct} \left(\frac{C_{R1} V_o}{f_c'} \right)^{5/4} \qquad (2.14)$$

$$\sigma_y = \alpha_2 C_{R2} \tau \qquad (2.15)$$

olacaktır. Burada,

$$C_{R1} = \left[1 + \left(\frac{K_s}{E_{frp} b_{frp} t_{frp}} \right)^{1/2} \frac{M_o}{V_o} \right] \frac{b_{frp} t_{frp}}{I_{trc,frp} b_a} \left(d_{frp} - x_{trc,frp} \right) \tag{2.16}$$

$$C_{R2} = t_{frp} \left(\frac{K_n}{4 E_{frp} I_{frp}} \right)^{1/4} \tag{2.17}$$

olarak ifade edilir. C_{R1} ve C_{R2}, arayüz kayma gerilmeleri ve normal gerilmeler için Roberts'in [47] analitik çözümünden elde edilmiştir. α_1 ve α_2, çelik plaka ile güçlendirilen betonarme kirişler için nümerik çalışmalardan kalibre edilen amprik çarpanlardır. Yapıştırıcı tabakanın kayma rijitliği K_s ve normal rijitliği K_n :

$$K_s = \frac{G_a b_a}{t_a} \tag{2.18}$$

ve

$$K_n = \frac{E_a b_a}{t_a} \tag{2.19}$$

olarak ifade edilir. Burada, E_a, G_a, b_a ve t_a sırasıyla, elastisite modülü, kayma modülü, yapıştırıcı tabakanın genişliği ve kalınlığıdır.

$I_{trc,frp}$ çatlamış plakalı kesitin atalet momenti, $x_{trc,frp}$ çatlamış kesitin tarafsız eksen derinliği (basınç yüzünden tarafsız eksene mesafe), I_{frp} sadece FRP plakanın atalet momenti, d_{frp} betonarme kirişin basınç yüzünden FRP plakanın merkezine olan mesafe, M_o ve V_o sırasıyla plaka ucu momenti ve kesme kuvvetidir.

Dnk. 2.14 ve Dnk. 2.15, Dnk. 2.16'da yerine yazılırsa, plaka ucu arayüz ayrışmasına neden olan plaka ucunda kirişteki kesme kuvvetini verir :

$$V_{db,end} = \frac{f_c'}{C_{R1}} \left[\frac{C}{\alpha_1 f_{ct} (1 + \alpha_2 C_{R2} \tan\phi)} \right]^{4/5} \qquad (2.20)$$

Bu ilişki, h, betonarme kirişin derinliği olmak üzere, $a/h<3$ ile sınırlandırılmıştır.

<u>*Model II : Paspayı Betonunun Ayrışması*</u>

Ziraba ve diğerleri [37], ACI kodunda belirtilen betonarme kirişin kesme kapasitesini modifiye etmişlerdir:

$$V_{db,end} = (V_c + kV_s) \qquad (2.21)$$

Burada, k, kesme donatısının etkinlik katsayısıdır. V_c ve V_s betonarme kirişin kesme kapasitesine sırasıyla beton ve donatının katkısını ifade etmektedir:

$$V_c = 1/6\left(\sqrt{f_c'} + 100\rho_s\right)b_c d \qquad (2.22)$$

ve

$$V_s = \left(A_{sv} f_{yv} d\right) s \qquad (2.23)$$

olarak belirtilir.

b) Varastehpour ve Hamelin'in Modeli

Varastepour ve Hamelin, [30] Mohr- Colomb göçme kriterini esas alan plaka ucu arayüz ayrışma dayanım modelini geliştirmişlerdir.

c) Saadatmanesh ve Malek'in Modeli

Saadatmanesh ve Malek, [31] paspayı betonunun ayrılmasının plaka ucundaki yüksek gerilmelere bağlı olduğu kabulüne dayanan, FRP'li kirişlerde beton örtü ayrılmasını belirleyen ayrışma dayanım modeli geliştirmişlerdir. Plaka ucundaki üç gerilmeden, kayma gerilmesi ve normal gerilme Malek ve diğerleri [42] tarafından elde edilen kapalı-form çözümleri iken, boyuna gerilme, kesit eğilme analizlerinden alınmıştır. Tüm çalışmalarda da çatlamamış kesit dikkate alınmıştır.

d) Tumialan ve Diğerlerinin Modeli

Tumialan ve diğerleri, [43] FRP plakalı kirişler için beton örtü ayrılmasına karşı ayrışma dayanım modeli geliştirmişlerdir. Modelleri, bir önceki kısımda bahsedilen Saadatmanesh ve Malek modeline esas olarak benzerdir. Burada da plaka ucunda, beton elemandaki gerilmeler belirlenmiş ve beton göçme kriterlerine göre kontrol edilmiştir (Şekil 2.9).

2.2.3.5 Çalışma Neticesinde Elde Edilen Sonuçlar

Paspayı betonunun ayrılması veya yapıştırıcı - beton ara yüzünün ayrışmasıyla oluşan plaka ayrışması, genel olarak FRP'nin betonarme kirişlerin alt yüzüne uygulanmasıyla meydana gelen ayrışma göçmesi biçimini ortaya koymuştur. Oniki dayanım modeli, plaka ucu ayrışmasına neden olan yükleri belirlemek için geliştirilmiştir. Bunların yedi tanesinde FRP plakalı betonarme kiriş ve beş tanesinde ise çelik plakalı betonarme kirişler üzerinde çalışılmıştır. Toplam oniki model gözden geçirilmiş, yaklaşımlar, üç kategoride sınıflandırılmıştır: (a) kayma kapasitesi esaslı modeller (b) beton diş modelleri ve (c) arayüz gerilmesine dayanan modellerdir. Her bir model, karşılaştırma yapılabilmesi ve gelecekte referans olarak kullanılabilmesi için uyumlu bir notasyon seti kullanılarak sunulmuştur. Ayrıca, her bir modelin teorik temeli açıklanmış ve birbirleri arasındaki ilişki kurulmuştur. Gerçekleştirilen eş çalışmada ise, oniki modelin her birinin performansı, kapsamlı literatür araştırmasından toplanan plaka ucu ayrışmasıyla göçen betonarme kirişlerin geniş deneysel veritabanı kullanılarak değerlendirilmiştir.

2.2.4 Plakalı Kirişlerde Arayüz Gerilmeleri

(Interfacial Stresses in Plated Beams) Smith S.T & Teng J.G

2.2.4.1 Çalışmanın Amacı

FRP veya çelik plakalar, kirişlerin güçlendirilmesi amacıyla kirişin alt tarafına uygulanırlar. Bu tür plakalı kirişlerde çekme kuvvetleri plakalarda oluşur ve bunlar, arayüz kayma ve normal gerilmeler yoluyla orijinal kirişe transfer olurlar. Bu nedenle, ayrışma göçmesi, yüksek kayma ve normal arayüz gerilmelerinin kombinasyonu nedeniyle plaka uçlarında oluşabilir. Çalışma, arayüz gerilmeleri için yaklaşık kapalı form çözümlerinin gözden geçirilmesiyle başlamaktadır. Kapalı form çözümlerinin kabulleri ve sınırlarının belirlenmesiyle, çözümler arasındaki farklılıklar belirlenmiş olacaktır. Bu saptama, aynı zamanda benzer fakat daha kesin çözümlere ihtiyaç olduğunu ortaya koymuş ve bir çözüm çalışmada verilmiştir. Mevcut tüm çözümler, betonarme kirişlerde geliştirilirken, bu yeni çözüm, bazı mutlak terimlerin atlanmasına müsaade edilen ince plaka ile sarılmış herhangi bir malzemeden yapılmış kirişlerin uygulamasında kullanılmıştır. Sonuç olarak, mevcut çözümler arasındaki nümerik karşılaştırmalar ve sunulan yeni çözüm, çeşitli parametrelerin etkisini açık olarak ortaya koymaktadır.

2.2.4.2 Mevcut Çözümlerinin Gözden Geçirilmesi

a) Kabuller ve Yaklaşımlar

Mevcut tüm çözümler, sadece lineer elastik malzemeler için geçerlidir. Bu çözümlerde anahtar kabul, yapıştırıcı tabakadaki kayma ve normal gerilmelerin tabaka boyunca sabit olarak alınmasıdır. Bu anahtar kabul, basit kapalı form çözümlerinin elde edilebilmesine olanak sağlasa da, çözümlerin bazılarında gizlenmektedir.

Mevcut çözümlerde, iki farklı yaklaşım ele alınmıştır. Vilnay [44], Liu ve Zhu [45], Taljsten [46] ve Malek ve diğerleri [42] direkt olarak deformasyon uyumlu koşulları dikkate alırken, Roberts [47] ile Roberts ve Haji-Kzemi [48] aşamalı analiz yaklaşımını kullanmışlardır.

b) Direkt Deformasyon Uyumuna Dayanan Çözümler

Vilnay, Liu ve Zhu, Taljsten ve Malek ve diğerleri, arayüz gerilmelerini belirlemek için direkt deformasyon uyumunu dikkate almışlardır. Malek ve diğerlerinin çözümü, $M(\xi)=a_1 \xi^2+a_2 \xi+a_3$ ile ifade edilen uygulanan momentin yük cinsinden terimlerle ifade edilmesini kapsamaktadır. Bu ifadede, $\xi=x+L_o$ ve L_o ise plakanın bittiği nokta ile ξ orijini arasındaki mesafedir. Diğer terimler, mevcut yükleme şartlarıyla sınırlandırılmıştır.

Yapıştırıcı tabakadaki arayüz kayma gerilmeleri, kirişin altında ve alt plakadaki boyuna yerdeğiştirmeler arasındaki farkla ilişkilidir. Arayüz kayma gerilmeleri için bu çözümler arasındaki farklar, boyuna yerdeğiştirmeleri belirlemekte dahil olan terimlerin seçilmesindeki farklılıklardan artmaktadır. Plakadaki eksenel deformasyonlar ve kirişteki eğilme deformasyonları, tüm bu çözümlerde dikkate alınmaktadır. Liu ve Zhu'nun çözümü, kirişte sadece kayma deformasyonlarının etkisini dikkate almaktadır, fakat, arayüz normal gerilmelerinin kiriş ve plakadaki kayma deformasyonlarına katkısı ihmal edilmiştir.

Arayüz normal gerilmeleri, kiriş ve plaka arasındaki düşey deformasyonla ilgilidir. Vilnay ve Taljsten, bünye denklemini, plakanın düşey yer değiştirmeleri cinsinden terimlerle elde etmişlerdir. Liu, Zhu ile Malek ve diğerleri ise bünye denklemini arayüz normal gerilme cinsinden elde etmişlerdir. Yine de, Vilnay ve Taljsten tarafından elde edilen bünye denklemleri, Liu, Zhu, Malek ve diğerleri tarafından elde edilen bünye denklemlerinde yapılacak değişikliklerle azaltılabilir.

Liu ve Zhu'nun çözümünde, integrasyon sabitlerinin eksik olduğu verilmemiştir, yerine sadece sınır şartları listelenmiştir.

c) Roberts ve Haji-Kazemi'nin Çözümü

Roberts ve Haji-Kzemi'nin çözümü, sadece üniform yük için geçerlidir. Çözümün ilk aşamasında, deformasyon uyumunun direkt dikkate alınması, arayüz kayma gerilmelerinin belirlenmesine yol açmaktadır. Kiriş ile plakadaki eksenel ve eğilmeden oluşan deformasyonlar dikkate alınmıştır. Büzülme, sünme veya sıcaklıkla artabilen serbest deformasyonlar, kiriş ve plakanın her ikisinde dikkate alınmıştır. Eğer bu gibi serbest deformasyonlar verilmezse, analiz modelinin ilk aşamasındaki, plaka ucunda eksenel kuvvetin 0 (sıfır) olduğu sınır şartı verilecektir. Bu ilk aşamada, kiriş ve plakanın özdeş düşey dönmelere sahip olduğu kabul edilmiştir. Sonuç olarak, ilk aşamadan arayüz normal gerilmeleri kirişin denge şartından elde edilir. Analizin ilk aşamasında, her bir plaka ucunda eğilme momentinin oluştuğu ve enine kayma kuvvetinin olmadığı kabul edilecektir [48].

Analizin ikinci aşamasında, eğilme momenti ve kayma kuvveti ilk aşamada bulunan değerlere eşittir, fakat, her bir plaka ucunda, ters yönde uygulanmıştır. Plaka, yapıştırıcıyı temsil eden elastik temeldeki esnek kiriş olarak ele alınmıştır. Arayüz normal gerilmesinde kirişteki dönme etkisi ihmal edilmiştir. İkinci aşama, ek arayüz normal gerilmelerinin ve aynı zamanda plakanın kirişe göreceli olarak dönmesi nedeniyle oluşan ek arayüz kayma gerilmelerinin belirlendiği aşama olacaktır.

Nihai arayüz kayma ve normal gerilmeleri her iki aşamadan elde edilen sonuçların birleştirilmesiyle elde edilmiştir. Bununla birlikte, birinci aşamadan bulunan arayüz normal gerilmeler ve ikinci aşamadan bulunan arayüz kayma gerilmeleri rölatif olarak küçük değerlere sahiptir.

d) Yeni Çözüm için Varsayımlar

Roberts ile Haji-Kazemi'nin [48] analizleri sonucu, kirişte eksenel deformasyonlar ve plakada eğilme deformasyonlarının her ikisinin dikkate alınmasının arayüz kayma gerilmeleri için en uygun çözüm olduğu görülmektedir. Bununla birlikte, çözüm, sadece düzgün yayılı yükle sınırlandırılmış ve daha karmaşıktır. Çözümlerin çoğu, kirişteki eksenel deformasyonları ve/veya plakadaki eğilme deformasyonlarını ihmal etmektedir. Bu gibi çözümler, CFRP plakayla yapıştırılan alüminyum kiriş durumunda, plakanın eğilme rijitliğinin kirişle karşılaştırılmasının önemli olduğu durumlar uygun olmamaktadır.

Taljsten'in çözümü, arayüz normal gerilmelerinin, arayüz kayma gerilmelerinde kirişte oluşan eğilme deformasyonları ve plakadaki ek eğilme deformasyonlarının dikkate alınması nedeniyle daha uygun olduğu tahmin edilmektedir. Bu çözüm, tek yükleme noktası içindir. Aynı zamanda, Liu ve Zhu'nun çözümü de, her iki faktörü gözönüne alır, fakat, çözümlerindeki integrasyon sabitleri belirlenmemiştir. Çözümlerin çoğunda, kirişteki eğilme deformasyonlarının etkisi ihmal edilmektedir. Bu ihmal, plakanın eğilme rijitliğinin kirişin eğilme rijitliğiyle karşılaştırılmasının önemli olduğu durumlarda uygun olmayabilir.

Deformasyon uyumluluğu yaklaşımına dayanan yeni bir çözüm bir sonraki kısımda sunulacaktır. Arayüz gerilme ifadeleri, üç önemli yük durumu için verilirken, -ki bu yükler, keyfi konumlandırılmış noktasal yük, simetrik olarak konumlandırılmış iki noktasal yük ve düzgün yayılı yüktür- bünye denklemleri ve genel çözümleri, genel yük şartları için elde edilmiştir.

Mevcut çözümler arasında, arayüz kayma gerilmeleri için en uygun çözüm olan Roberts ve Haji-Kazemi'nin çözümü, düzgün yayılı yük için sınırlıyken, arayüz normal gerilmeler için en uygun çözüm olan Taljsten'in çözümü tek noktasal yükle sınırlıdır.

2.2.4.3 Yeni Çözümün Kabulleri

Yeni çözümün elde edilmesi kiriş ve plaka terimleriyle açıklanmıştır. Plaka çelik ya da FRP olabilir, fakat bu ikisiyle sınırlı değildir. Sunulan çözümdeki kabuller aşağıda özetlenmiştir.

Kiriş ve plakanın lineer elastik davranışı, yapıştırıcı tabakada olduğu gibi kabul edilmiştir. Kiriş ve plakadaki deformasyonlar, eğilme momentleri, eksenel ve kesme kuvvetleri nedeniyle oluşmaktadır. Yapıştırıcı tabakanın, kalınlığı boyunca değişmez gerilmelere maruz kaldığı kabul edilmiştir. Bu, rölatif olarak basit kapalı çözümlerin elde edilmesine olanak sağlayan anahtar bir kabuldür.

Normal gerilmeler altında, yapıştırıcı tabaka deforme olacak, böylece, kirişin altındaki ve plakanın üstündeki düşey yer değiştirmeler farklı olacaktır. Sonuç olarak, kiriş eğriliği plakanın eğriliğinden farklı çıkacaktır. Yapıştırıcıda oluşacak deformasyonlarda arayüz kayma gerilmelerinin etkisi ihmal edilecektir. Yani, arayüz kayma gerilmelerinin bulunmasında, her iki elemanın (kiriş, plaka) eğriliği aynı kabul edilecektir. Aynı kabul, Roberts ve Haji-Kazemi tarafından kullanılmıştır. Bu kabul, arayüz normal gerilmelerinin belirlenmesinde kullanılmamıştır.

Analitik yöntem kapsamında elde edilecek bünye diferansiyel denklemleri; arayüz kayma gerilmesi ve arayüz normal gerilmeler için çıkarılacaktır. Ayrıca, arayüz kayma ve normal gerilmeleri için genel çözümler ifade edilecek ve sınır şartları, (i) düzgün yayılı yük için arayüz kayma gerilmeleri (ii) tek noktasal yük için arayüz kayma gerilmeleri (iii) iki noktasal yük için arayüz kayma gerilmeleri ve (iv) belirtilen üç yük durumu için arayüz normal gerilmeler için belirlenecektir. Analitik ifadeler bu kısımda verilmemiş, konu bütünlüğü düşünüldüğünden Ek-B'de verilmiştir.

2.2.4.4 Analitik Çözümlerin Karşılaştırılması

Kapalı-form çözümleri kullanılarak, arayüz kayma ve normal gerilmelerin karşılaştırılması bu kısımda verilmiştir. İki örnek problem düşünülmüştür. İlki, GFRP, CFRP ve çelik plakalı betonarme kiriştir. İkincisi, CFRP yapıştırılmış boşluklu alüminyum kiriştir. Her iki örnekte, kirişler basit mesnete sahip, merkezi noktasal veya düzgün yayılı yüke maruzdur (y.n.: İkinci örnek, konu dışında tutulmuştur). Geometrik ve malzeme özellikleri Tablo 2.2'de verilmiştir. Betonarme kiriş açıklığı 3000 mm, plaka ucunun mesnete mesafesi 300 mm, noktasal yük 150 kN ve düzgün yayılı yük 50kN/m dir.

Tablo 2.2 Geometrik ve malzeme özellikleri

Malzeme	Genişlik (mm)	Derinlik (mm)	Elastisite modülü (MPa)	Poisson oranı
Betonarme kiriş	b_1=200	d_1=300	E_1=30000	-
Yapıştırıcı tabaka	b_a=200	t_a=2.0	E_a=2000	ν_a=0.35
GRFRP plaka	b_2=200	t_2=4.0	E_2=50000	-
CFRP plaka	b_2=200	t_2=4.0	E_2=100000	-
Çelik plaka	b_2=200	t_2=4.0	E_2=200000	-

a) GFRP, CFRP ve çelikle güçlendirilen betonarme kiriş : Orta noktasal yük ve düzgün yayılı yük.

Şekil 2.9, orta noktasal yük durumu için, CFRP'li betonarme kirişe ait arayüz kayma ve normal gerilmeleri gösterirken, Şekil 2.10, düzgün yayılı yük durumu için gerilmeleri vermektedir. Değişik analitik yaklaşımlara ait çözüm sonuçları birbirine oldukça yakındır. Bu durum, kirişteki eğilme deformasyonları ve plakadaki eksenel deformasyonların, plaka ucunda oluşan maksimum değerleri içeren arayüz gerilmelerin belirlenmesinde etken olduğunu göstermektedir ve eğilme deformasyonları gibi terimlerin hesaba katılması ve ihmal edilmesinin çok küçük etkisi olmaktadır. Şekil 2.10'daki sonuçlar, Roberts ve Haji-Kazemi'nin çözümünün ikinci aşama arayüz kayma gerilmesi ve ilk aşama arayüz normal gerilmelerinin her ikisi de küçüktür.

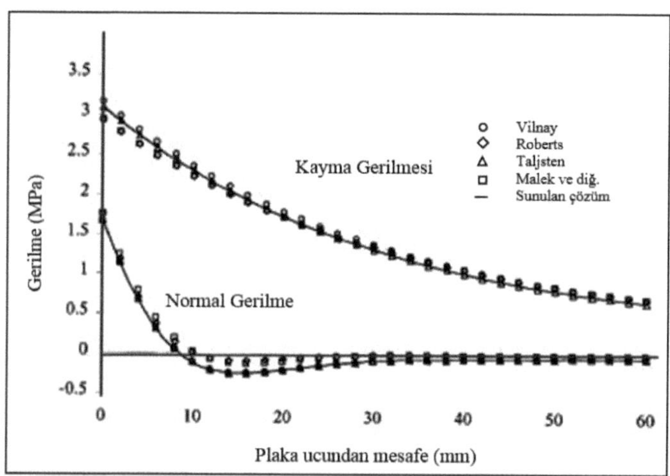

Şekil 2.9 Noktasal yüke maruz CFRP'li betonarme kiriş için arayüz kayma ve normal gerilmelerin karşılaştırılması

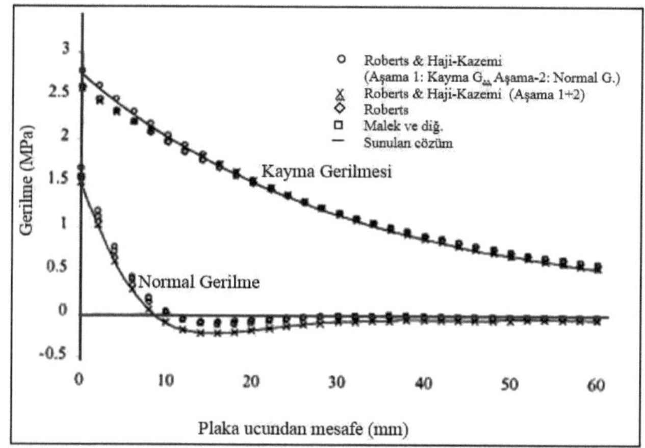

Şekil 2.10 Düzgün yayılı yüke maruz CFRP'li betonarme kiriş için arayüz kayma ve normal gerilmelerin karşılaştırılması

Arayüz normal gerilmeleri, plaka ucundan kısa mesafede değişme belirtileri göstermektedir. Negatif arayüz normal gerilmeleri bölgesinde, arayüz kayma vgerilmeleri nedeniyle plakadaki ek eğilme deformasyonları dikkate alan bu çözümlerin tahminleri, bu deformasyonların ihmal edildiği durumdaki tahminlere benzer fakat farklıdır. Maksimum arayüz kayma ve normal gerilmeleri (plaka ucunda), GFRP, CFRP ve çelik plaka için Tablo 2.3 ve Tablo 2.4'te verilmiştir. Tablo 2.3, orta noktasal yük durumu için, Robert's ile Malek ve diğerlerinin sonuçları aynıyken, sunulan çözüm ve Taljsten'nin çözümleri oldukça yakın değerlere sahiptir. Vilnay'ın çözümü, belirtilen son iki çözüme, diğer iki çözüme göre oldukça yakın değerlere sahiptir. Düzgün yayılı yük durumu için, sunulan çözüm, genel olarak Roberts ve Malek'in çözümüne, diğer ikisine göre daha benzerdir.

Tablo 2.3 Maksimum arayüz kayma ve normal gerilmelerin karşılaştırılması: orta noktasal yük

Teori	GFRP'li betonarme kiriş		CFRP'li betonarme kiriş		Çelik plakalı betonarme kiriş	
	τ (MPa)	σ (MPa)	τ (MPa)	σ (MPa)	τ (MPa)	σ (MPa)
Vilnay	2.240	1.381	3.152	1.669	4.350	1.976
Roberts	2.179	1.553	2.925	1.761	3.725	1.899
Taljsten	2.215	1.397	3.087	1.674	4.188	1.944
Malek ve diğ.	2.179	1.553	2.925	1.761	3.725	1.899
Sunulan çözüm	2.214	1.396	3.083	1.671	4.176	1.938

Tablo 2.4 Maksimum arayüz kayma ve normal gerilmelerin karşılaştırılması: düzgün yayılı yük

Teori	GFRP'li betonarme kiriş		CFRP'li betonarme kiriş		Çelik plakalı betonarme kiriş	
	τ (MPa)	σ (MPa)	τ (MPa)	σ (MPa)	τ (MPa)	σ (MPa)
Roberts ve Hazemi-Kazemi (τ-aşama 1; σ-aşama 2)	2.001	1.425	2.776	1.668	3.745	1.902
Roberts ve Hazemi-Kazemi (Aşama 1+2)	1.813	1.256	2.591	1.500	3.567	1.733
Roberts	1.945	1.386	2.604	1.567	3.302	1.683
Malek ve diğ.	1.943	1.384	2.597	1.563	3.287	1.675
Sunulan çözüm	1.975	1.244	2.740	1.484	3.696	1.713

2.2.4.5 Yapılan Çalışmadan Elde Edilen Sonuçlar

Arayüz gerilmeleri, kirişlerin ayrışma göçmelerinin anlaşılmasını ve uygun tasarım koşullarının geliştirilmesini sağlamaktadır. Kirişlerdeki arayüz gerilmeleri için altı mevcut yaklaşık kapalı çözüm gözden geçirilmiş, kabulleri ve sınırları belirlenerek çözümler arasındaki farklılıklar ortaya çıkarılmıştır. Tüm bu çözümler, yapıştırıcı tabaka boyunca arayüz gerilmelerinin değişmemesi kabulüne göre yapılmıştır. Ki bu kabul, arayüz gerilmelerini rölatif olarak basit açık ifadelere olanak sağlayan bir kabuldür. Mevcut çözümler arasında nümerik karşılaştırmalar yapılmıştır. Aşağıda verilen sonuçlar, yapılan çalışmadan elde edilmiştir.

a) Mevcut tüm çözümler, kirişlerdeki eğilme deformasyonlarını ve yapıştırılan plakadaki eksenel deformasyonları içerir. Bu iki davranış, plakalı betonarme kirişlerdeki arayüz gerilmelerinde egemendir. Mevcut çözümler arasındaki farklılıklar, diğer terimleri dâhil etmedeki farklı seçimlerden kaynaklanmıştır. Ki bu terimler, betonarme kirişler için çok önemli arayüz kayma gerilmeleri nedeniyle plakadaki ek eğilme deformasyonlarıyla ortaya çıkmaktadır.

b) Sunulan çözüm, çözümü zorlaştıran kayma deformasyonları hariç tüm deformasyon terimlerinin etkisini içermektedir. Yine de denge denklemleri, kayma etkileri dikkate alınarak elde edilmiştir. Yeni çözüm, kiriş ile rijitliğinin karşılaştırılabilir olduğu plakada kullanılmıştır. Çözüm, her çeşit malzemeden yapılan kirişlere uygulanabilir.

c) Rölatif olarak daha rijit plaka ile sarılmış kirişler için, farklı sonuçlar, farklı çözümlerden elde edilmiştir. İki mevcut çözüm, sunulan çözümden elde edilen sonuçlara göre daha yakın sonuçlar vermiştir. Taljsten's çözümü ki tek noktasal yüklemeyle sınırlıdır ve Roberts ile Haji-Kazemi'nin çözümü ki düzgün olarak yayılı yük uygulanmış ve sunulan çözümden önemli ölçüde daha karmaşıktır. Roberts ile Malek ve arkadaşlarının çözümleri ki genel yükleme terimleri vardır, kullanılabilir çözümler arasında daha yaklaşıktır ve onlar, birbirlerine özdeş sonuçlar vermiştir. Sunulan çözüm, bütün genel yükleme durumlarını, (tek noktasal yükleme, çift noktasal yükleme, düzgün yayılı yük) kapsamaktadır ve Roberts ile Haji Kazemi'nin aşamalı yaklaşımından daha direkt ve daha basit deformasyon uyumlu yaklaşıma dayanmaktadır. Bu kapsamda, sunulan çözüm, özellikle rölatif olarak plakanın rijit olduğu durumlarda, kirişin altına plaka uygulamasının basitliği nedeniyle daha geniş alanda uygulanabilir ve kesin çözüm olarak önerilebilir.

2.2.5 İnelastik ve Nonlineer Yapıştırıcılar Kullanılarak Kompozit Malzemelerle Güçlendirilen Betonarme Kirişlerin Eğilme Davranışı

(Bending Behavior of Reinforced Concrete Beams Strengthened with Composite Materials Using Inelastic and Nonlinear Adhesives)
Rabinovitch O.

2.2.5.1 Çalışmanın Amacı ve Kapsamı

Çalışmada [7], betonarme kiriş ve FRP şeritler arasındaki asal gerilme transfer mekanizmasına göre yapıştırıcının nonlineer veya inelastik kayma davranışına dayalı alternatif bir yaklaşım verilmiştir. Önerilen yaklaşım, ileri bir endüstriyel ürünün ortaya çıkmasını hedeflemektedir. Çalışmanın ana amacı, nonlineer, inelastik ve elasto-plastik yapıştırıcılar kullanıldığında, FRP'li betonarme kirişlerin davranışını sayısal olarak incelemektir. Yük-sehim modeli, gevrek göçme modellerinin oluşturulması, FRP uçlarına yakın gerilme yoğunlaşması ve FRP'deki gerilme değişimlerine, söz konusu yapıştırıcı malzemelerin etkisi belirlenmeye çalışılacaktır. Bu amacı gerçekleştirmek için yapıştırıcı malzemenin nonlineer elastik ve elasto-plastik davranışını hesaba katan analitik bir model oluşturulmuştur. Bu model, güçlendirilen betonarme kiriş analizi için yüksek mertebe yaklaşımını kullanmaktadır [49]. Bu yaklaşımda, yapıştırıcı, her bir elemanın genişliği boyunca düzgün gerilme ve deformasyona sahip iki boyutlu olarak modellenirken, betonarme kiriş ve FRP için küçük deformasyon kirişi ve tabakalaşma teorisi kullanılmaktadır. Tüm yük taşıma mekanizmasında, yapıştırıcı tabakanın boyuna rijitliğinin, betonarme kiriş ve FRP ile karşılaştırıldığında küçük katkısı olmakta ve yapıştırıcının düzlem içi rijitliği ihmal edilirken, kayma gerilmeleri ve düşey normal gerilmelere karşı etkin olduğu varsayılmaktadır. Yapıştırıcı malzemenin, nonlineer elastik veya inelastik kayma davranışı için yapısal denklemler kullanılacaktır. Yapıştırıcı tabakanın arayüzünde tam yapışma olduğu kabul edilecek ve bu durum, yapıştırıcının kayma gerilmelerine ve normal gerilmelere maruz kalması sonucunu getirecektir. Eleman davranışında yapıştırıcının doğrusal olmayan davranışının etkisini vurgulamak için çeşitli yapıştırıcı malzemeler kullanılarak FRP ile güçlendirilen iki kiriş için elde edilen analitik yöntem, nümerik çalışmada kullanılacaktır.

2.2.5.2 Matematiksel Formülasyon

Matematiksel modelde kullanılan kirişin geometrisi, yüklemesi, yapıştırıcı düzeni ve gerilme yönleri Şekil 2.11'de verilmiştir.

Şekil 2.12'de ise, kayma gerilmesi-kayma açısı ilkesinin lineer elastik, nonlineer elastik ve lineer elastik-ideal plastik olarak idealleştirmesi görülmektedir.

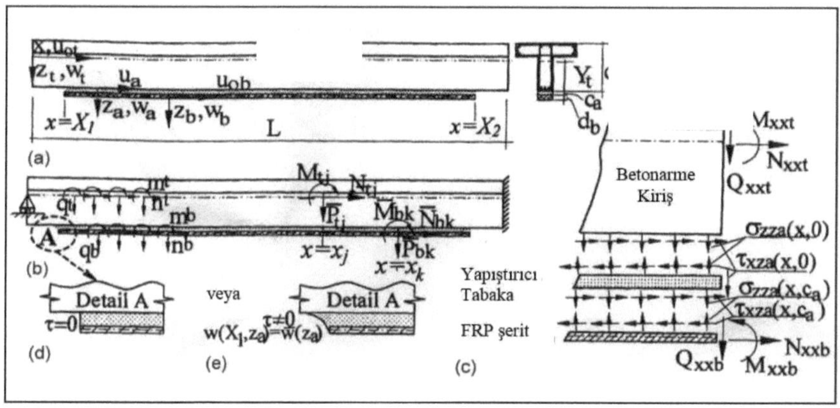

Şekil 2.11 (a) Geometri ve koordinat sistemleri (b) dış yükler (c) yapıştırıcı tabakadaki gerilme ve gerilme bileşkeleri (d) kare kenar düzeni (e) eğimli yüzey düzeni

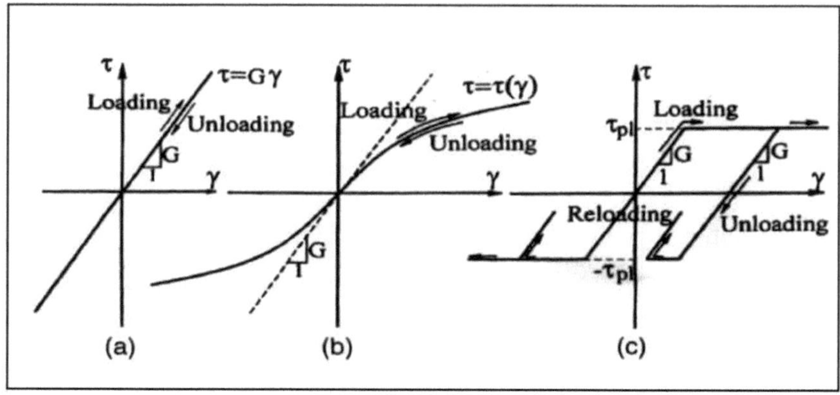

Şekil 2.12 Kayma gerilmesi-kayma açısı ilkesi, (a) lineer elastik (b) nonlineer elastik, (c) lineer-elastik-ideal plastik (elasto-plastik)

Matematiksel formülasyon içeriğinin, amaçlanan konu bütünlüğünü bozma endişesiyle ayrıntılı olarak verilmemesi düşünülmüştür. Bu nedenle analitik çalışmadaki denklemlerin bu kısımda belirtilmesi yerine analitik adımlar vurgulanacaktır.

Matematiksel model için kurucu esaslar ve denklemleri oluşturmak için, varyasyonel virtuel iş prensibi kullanılmıştır:

$$\delta(U+V)=0 \tag{2.24}$$

Burada, U=deformasyon enerjisi, V=dış yüklerin potansiyel enerjisi ve δ=değişken operatörüdür. Analitik yöntem kapsamında, aşağıda belirtilen ifadeler çıkartılır:

- Yapıştırıcıdaki düzlemiçi rijitlik ile betonarme kiriş ve FRP şeridin kayma şekil değiştirmesi ihmal edilerek, deformasyon enerjisinin ilk değişkeni elde edilir.
- Betonarme kiriş ve FRP şerit arasındaki kinematik ilişki ile yapıştırıcının iki boyutlu elastisite kinematiği ifade edilir.
- Yapıştırıcı-beton ve yapıştırıcı-FRP arasında tam yapışma durumu olduğu kabul edilerek boyuna ve düşey deformasyonların uyumunu veren denklemler çıkarılır.
- Düzlemiçi kuvvetler ve eğilme etkisiyle oluşacak gerilme denklemleri çıkartılır.

- Yapıştırıcının düşey normal gerilme-şekil değiştirme ilişkisi lineer kabul edilerek denklem yazılır.
- Lineer elastik, nonlineer elastik veya nonlineer-inelastik kayma gerilmesi-kayma açısı davranışı belirlenir.
- Yapıştırıcı tabakadaki kayma gerilmesi dağılımı ve düşey normal gerilmeler için denklemler çıkartılır.
- Lineer ve nonlineer duruma ait bünye denklemleri ifade edilir.
- Sınır ve süreklilik şartları belirlenir: (i) Betonarme kiriş, FRP ve yapıştırıcıda herhangi bir noktadaki lineer veya nonlineer elastik davranışın belirlenmesi. (ii) Elastik ve plastik bölgedeki farklı mertebedeki bünye denklemlerinden sınır/süreklilik durumlarının belirlenmesi. (iii) FRP uç kısmının kare kenar ve eğimli yüzey düzenine ait sınır/süreklilik şartlarının çıkartılması.

2.2.5.3 Nümerik Çalışma

Sayısal çalışmada iki durum ele alınmıştır. İlk örnekte, lineer elastik, nonlineer elastik ve elasto-plastik yapıştırıcı malzemesi kullanılarak güçlendirilen küçük ölçekli kirişlerin davranışı araştırılmıştır. Sonuçlar, sonlu elemanlar analizi ile karşılaştırılmıştır. İkinci örnekte, elasto-plastik yapıştırıcının kullanıldığı, karbon FRP ile güçlendirilen *3 m.* uzunluğundaki kirişte, yükleme-boşaltma-tekrar yükleme süreci sırasında elemanın davranışı belirlenmeye çalışılmıştır. Nümerik çalışmanın amacı, nonlineer ve inelastik yapıştırıcı malzeme kullanılarak yapısal davranışı belirlemenin, özellikli durum veya özel yapıştırıcı davranışını araştırmaktan daha tercih edilir olduğunu göstermektir. Aynı zamanda, yapıştırıcının doğrusal olmayan davranışının etkisini ortaya çıkarmak için elastik davranış; FRP şerit ve betonarme kirişe isnat edilmiştir.

Durum–A [Lineer Elastik, Nonlineer Elastik ve İnelastik Yapıştırıcılar]

Şekil 2.13'te kirişin geometrisi ve mekaniksel özellikleriyle; yapıştırıcı malzemenin lineer elastik, nonlineer elastik ve elasto-plastik belirleyici esasları görülmektedir. Elasto-plastik ilkesi, elastik nonlineer analizde belirlenen en büyük kayma açısı için spesifik deformasyon enerjisine eşit olan akmaya kalibre edilmiştir. Sonuçlar, FRP şerit ve yapıştırıcı tabakanın kalınlığı boyunca, sırasıyla, 6 ve 25 eleman ağına bölünerek yapılan sonlu eleman analiziyle karşılaştırılmıştır. İki boyutlu, dört noktalı toplam eleman sayısı 17 bin civarındadır.

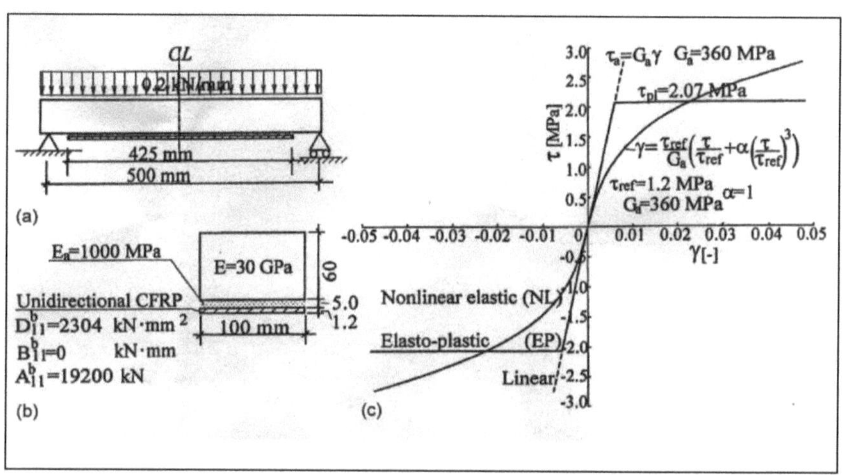

Şekil 2.13 Durum A (a) geometri ve yükleme (b) enkesit ve mekaniksel özellikler (c) yapıştırıcı için kayma gerilmesi-kayma açısı ilkesi

Şekil 2.14'te, güçlendirilen elemanda oluşan sehimler, gerilmeler, düzlem içi kuvvetler verilmektedir. Nonlineer yapıştırıcının, kirişteki düşey sehimi arttırdığı ve FRP şeritteki boyuna sehimi azalttığı anlaşılmaktadır. Bu etki, betonarme elemanın yüzeyine göre daha az deformasyona sahip FRP şeritteki deformasyonu arttıran nonlineer yapıştırıcıdaki kayma deformasyonlarının artmasından kaynaklanmaktadır. Sonuçlar aynı zamanda, değişik belirleyici nonlineer modellerin arasındaki farkların önemli olmadığını ve burada sunulan nonlineer analitik modellerdeki öngörülerle, sayısal sonlu eleman analizleri arasında bir uyum olduğunu göstermektedir.

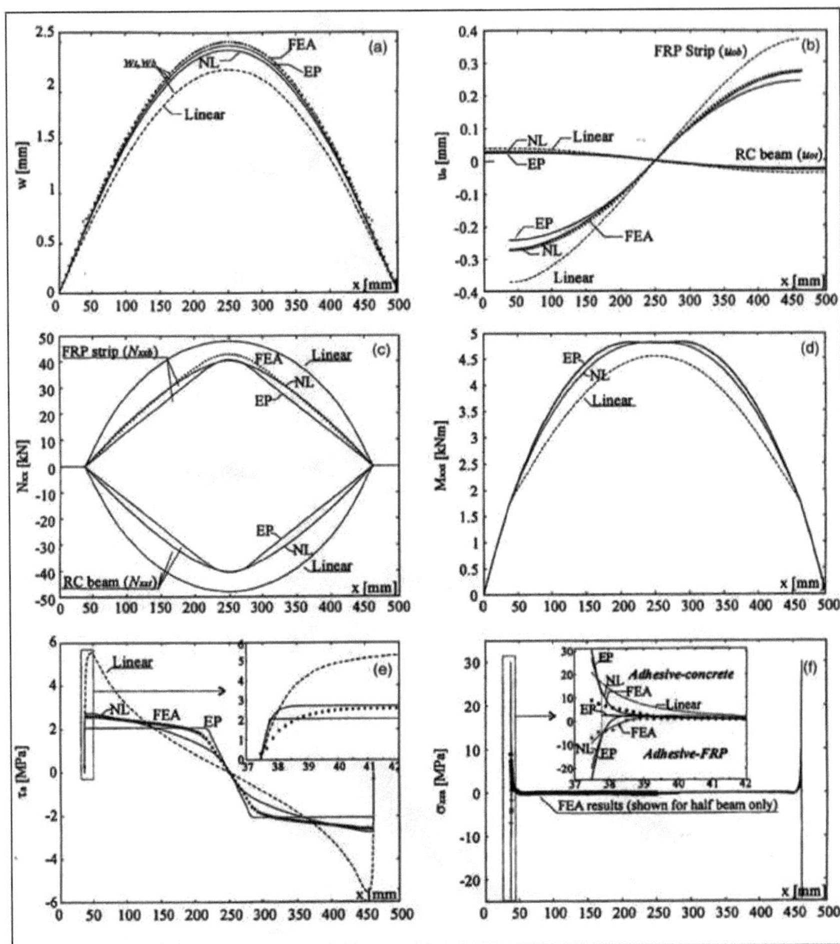

Şekil 2.14 Durum A : Değişik yapıştırıcılar için sehimler ve gerilmeler (a) düşey sehimler (b) düzlemiçi sehimler (c) düzlemiçi kuvvetler (d) eğilme momentleri (e) yapıştırıcı tabakadaki kayma gerilmeleri (f) yapıştırıcı arayüzündeki düşey normal gerilmeler (Lineer= lineer elastik, NL=nonlineer elastik ve EP=elasto-plastik)

FRP şerit ve betonarme kirişteki düzlemiçi kuvvetler ve eğilme momentleri Şekil 2.14 (c ve d)'de görülmektedir. Eğriler, lineer durumdaki kuvvetlerden daha küçük kuvvetlerin oluştuğu nonlineer yapıştırıcı ile güçlendirilen elemanlardan FRP şeritte oluşan çekme kuvvetlerini ifade etmektedir. Sonuç olarak, eğilme momentinin büyük bir kısmı betonarme eleman tarafından karşılanmaktadır. Aynı zamanda, sonlu eleman analizinde kullanılan bir örnek dâhil olmak üzere, değişik nonlineer malzemeler arasındaki farkların önemli olmadığı gözlenmektedir. Böylece, analitik modellerde idealize edilen farklı tipler eşdeğer olarak kullanılabilir.

Şekil 2.14e'de yapıştırıcı tabakadaki kayma gerilmelerinin değişimi görülmekte ve nonlineer yapıştırıcı malzemelerin yapıştırılan şeridin kenarına yakın gerilme büyüklüklerini azalttığı anlaşılmaktadır. Ayrıca, nonlineer sonlu eleman analiz sonuçlarıyla iyi bir uyum olduğu sonucu çıkarılmaktadır. Şekil 2.14f'de yapıştırıcı-beton ve yapıştırıcı-FRP arayüzündeki düşey normal gerilmelerin değişimi verilmektedir. Bu eğriler, analitik modelde kullanılan elastik normal gerilme-deformasyon davranışı ile inelastik kayma davranış birleşiminin, yapıştırıcı arayüzündeki gerilme büyüklüklerinin beklenenden fazla çıkmasına neden olduğunu göstermektedir. Sonuçlar aynı zamanda, gerilme ve inelastik etkilerin şerit uçlarına yakın yerlerde çok hızlı bozulmalara yol açtığını göstermektedir. Böylece, güçlendirilen tüm bölge dikkate alınacak olduğunda, inelastik/nonlineer kayma davranışında gerilmelerin etkisi bu saptamalarla sınırlıdır. Şekil 2.15'te yapıştırıcının kare kenar ve eğimli kenar düzenine ait kayma ve düşey normal gerilme grafikleri verilmektedir. Burada, sonlu eleman analiz sonuçlarıyla analitik değerler karşılaştırılmaktadır.

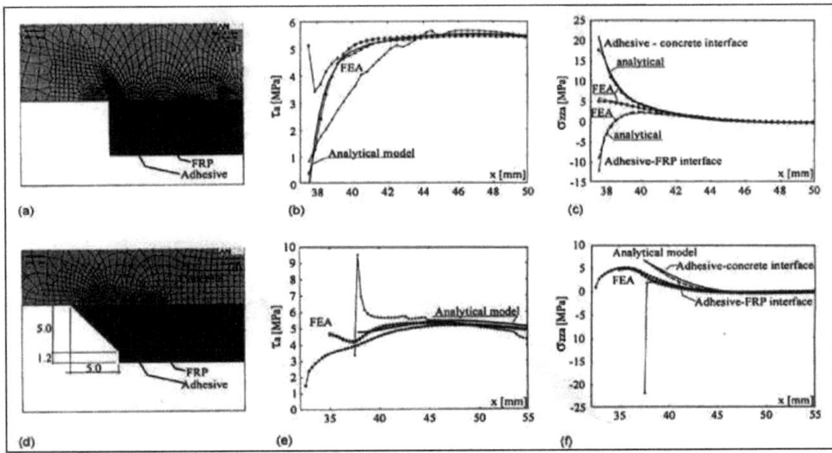

Şekil 2.15 Durum A: Sonlu eleman analiziyle karşılaştırma (a) kare kenar düzen için sonlu eleman ağı (b) kayma gerilmeleri-kare kenar düzeni (c) düşey normal gerilmeler-kare kenar düzeni (d) eğimli kenar düzeni için sonlu eleman ağı (e) kayma gerilmeleri-eğimli kenar düzeni (f) düşey normal gerilmeler-eğimli kenar düzeni. (+++) yapıştırıcının kiriş yüzündeki sonlu eleman analiz sonuçları, (◊◊◊) kirişle FRP orta düzleminde sonlu elman analiz sonuçları, (***) yapıştırıcının FRP yüzünde sonlu eleman analiz sonuçları.

Şekil 2.15'te, her iki yapıştırıcı düzeni için analitik modellerdeki öngörülerin sonlu eleman analizleriyle uyum içinde olduğunu görülmektedir. Diğer bir ifadeyle, sonlu eleman analizi, yapıştırıcı tabakanın, şerit ucuna yakın yerdeki tekil davranışından etkilenip, kayma direncinin azalarak, kare kenar düzenindeki yapıştırıcı-beton arayüzü veya eğimli yüzey düzenindeki yapıştırıcı-FRP arayüzü ayrışacağını göstermektedir.

Durum–B [Güçlendirilen Kirişin Yük-Deformasyon Davranışı]

Şekil 2.16'da, kirişin geometrisi ve mekaniksel özellikleri görülmektedir. Belirtilen kiriş, CFRP şerit ile güçlendirilmiş ve elasto-plastik yapıştırıcı malzemesi kullanılmıştır. Çatlamış kesitin mekaniksel özellikleri betonarme elemana isnat edilmiş ve CFRP şeridin kenarında, pratiksel uygulamaların çoğunda, yapıştırma işleminde kendiliğinden oluşan eğimli düzen (yapıştırıcının dışarı taşması) kabul edilmiştir.

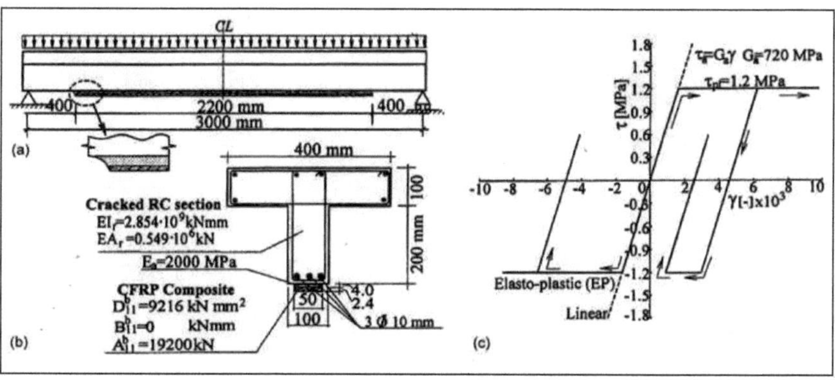

Şekil 2.16 Durum B (a) geometri ve yükleme (b) enkesit ve mekaniksel özellikler, (c) yapıştırıcı için kayma gerilmesi-kayma açısı ilişkisi

0.03 kN/mm yük seviyesindeki sehimler ve gerilmeler Şekil 2.17'de görülmektedir. Karşılaştırma yapılması için lineer elastik yapıştırıcı ile güçlendirilen benzer bir kirişe ait sonuçlar da Şekil

2.17'de verilmiştir. Şekil 2.17a, söz konusu yük seviyesinde inelastik yapıştırıcı nedeniyle düşey sehimlerin arttığını göstermektedir. Bununla birlikte, Şekil 2.17b, elastik yapıştırıcının kayma deformasyonlarını artırması nedeniyle, FRP şeritteki boyuna deformasyonların azaldığını göstermektedir.

Şekil 2.17 (c ve d) lineer elastik ve inelastik durumlarda betonarme kirişteki eğilme momentleri ve FRP şeritteki çekme kuvvetlerini karşılaştırmaktadır. Bu yük seviyesinde, açıklık ortasındaki değerler benzer büyüklüktedir. Bununla birlikte, daha büyük yük seviyelerinde, bu durum değişmekte ve inelastik yapıştırıcı kullanılarak güçlendirilen elemanın davranışı, lineer elastik eğriden uzaklaşmaktadır. Şekil 2.18e, yapıştırıcı tabaka boyunca kayma gerilmelerini göstermekte ve inelastik yapıştırıcı kullanımının yapıştırılan şerit ucuna yakın gerilme yoğunluğunu azalttığını ve kirişin uzunluğu boyunca kayma gerilmelerinin düzgün olarak yayıldığını vermektedir. Ek olarak, elasto-plastik yapıştırıcı kullanımının ve yapıştırıcıda eğimli düzenin kritik kenar bölgelerde gerilmeleri azalttığı görülmektedir (Şekil 2.17f). Bu durum ise, esas olarak, FRP şeritteki çekme kuvvetlerinin daha yavaş gelişmesine neden olduğunu ve şerit bitim kesitine yakın yerlerde ankraj kuvvetlerini azalttığı sonucunu çıkarmaktadır. Böylece, inelastik yapıştırıcı kullanımının esas amacının kirişin tüm davranışını iyileştirmek ve kenar gerilme yoğunlaşmasını azaltılmasına bir katkı sağlamak olduğu görülmektedir.

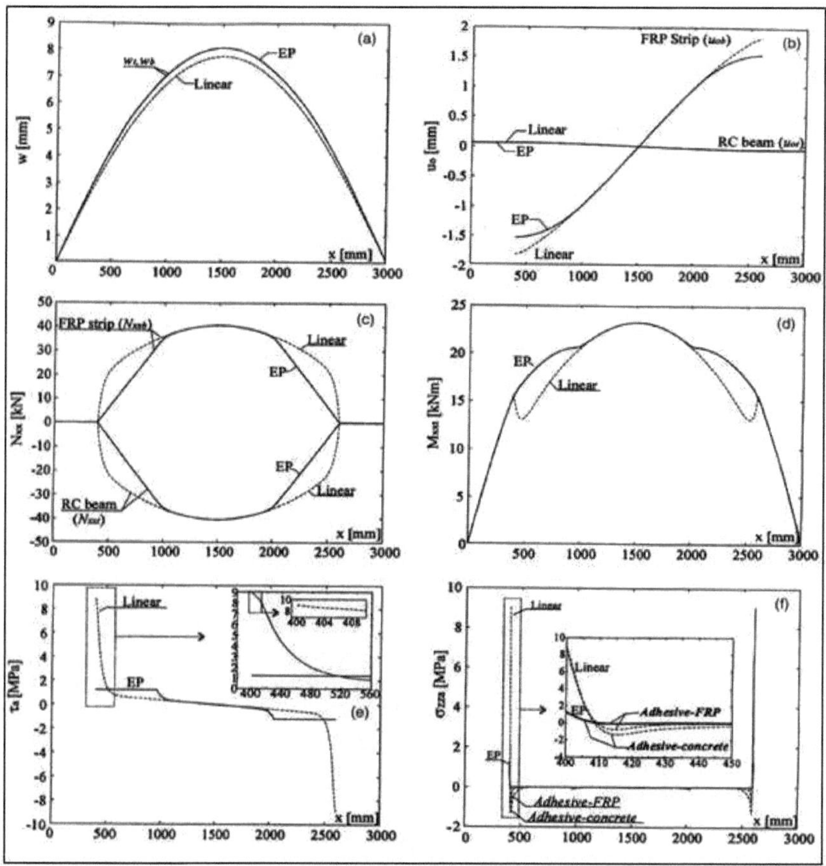

Şekil 2.17 Durum B : q_t=0.03 kN/mm için sehimler ve gerilmeler (a) düşey sehimler (b) düzlemiçi sehimler (c) düzlemiçi kuvvetler (d) betonarme kirişte eğilme momentleri (e) yapıştırıcı tabakadaki kayma gerilmeleri (f) yapıştırıcı arayüzündeki düşey normal gerilmeler (---) lineer yapıştırıcı ve (—) elasto-plastik yapıştırıcı

İnelastik malzeme kullanımını gerektiren başka bir durum, yük boşaltmasından sonra, kalıcı (rezidüel) gerilme ve deformasyonların oluşumudur. Kirişin, 0.06 kN/mm'ye kadar yüklenmesi ve yük boşaltması sonrasındaki davranışı Şekil 2.18'de görülmektedir. Şekil 2.18 (a ve b), yük boşaltma süreci sonrası, kalıcı düşey ve düzlem içi sehimleri doğrulamaktadır. FRP şeritteki kalıcı boyuna sehimler, yükleme aşamasında görüldüğü gibi aynı büyüklüğe (ters işaretli) sahiptir (Şekil 2.18b). İşaretin değişmesi aynı zamanda, betonarme kiriş ve FRP şeritteki eksenel kuvvetlerin dağılımında görülmektedir (Şekil 2.18c). Yük boşaltmasından sonra, FRP şerit basınca, betonarme kiriş çekmeye maruz kalmaktadır. FRP şeridin genel olarak, oluşan kalıcı basınç gerilmeleri nedeniyle basınç ve burkulmaya direnç gösterecek şekilde tasarımı yapılmamasına rağmen bu görüş üzerinde durulmaktadır. Yapıştırıcı tabakadaki kalıcı kayma gerilmelerinin değişimi Şekil 2.18e'de görülmektedir. Ek olarak, yük boşaltma sürecinin de olduğu düşey normal gerilme ve eğilme momentleri Şekil 2.18 (d ve f)'de verilmektedir. Aynı zamanda bu etkilerin, ihmal edilebilir büyüklükler olmadığı, analizlerde, tasarımda ve güçlendirilen elemanın kullanımında dikkate alınması gerektiği anlaşılmaktadır.

Sonuç olarak, tüm yükleme-boşaltma-tekrar yükleme sürecinde, kiriş davranışı belirlenmiştir. Şekil 2.19'daki eğriler, lineer duruma göre, azami yük seviyesinde, en büyük düşey sehimi %27 civarında artırdığını ve yük-sehim eğrisi altında kalan alanın lineer duruma göre %38 civarında artırdığını göstermektedir. Bu etkilerin, yalnızca yapıştırıcının elasto-plastik davranışında ortaya çıktığı görülmektedir. İnelastik yapıştırıcı kullanımının güçlendirilen kirişin nihai aşamada şekil değiştirebilme ve süneklik karakteristiklerini iyileştirme potansiyeline sahip olduğu görülmüştür. Ayrıca, FRP şeridindeki çekme kuvvetlerinin değişimini veren Şekil 2.19b'den, elasto-plastik yapıştırıcı kullanımının, FRP şeridinin yapısal davranışını lineer elastikten, yumuşak çelik donatı davranışına benzer bir davranışa çevirdiğini göstermektedir. İnelastik yapıştırıcı kullanımı, FRP şeridine transfer olan çekme kuvvetlerinin büyüklüğünü sınırlamakta ve dış yükün artmasından dolayı çekme kuvvetlerinin oluşmasını engellemektedir. FRP şeridindeki nihai çekme kuvvetlerinin sınırlanmasıyla ve böylece, betonarme elemanda oluşan basınç kuvveti nedeniyle betonun ezilmesi veya FRP'nin kopması içeren göçme biçimleri kontrol edilmiş olacaktır.

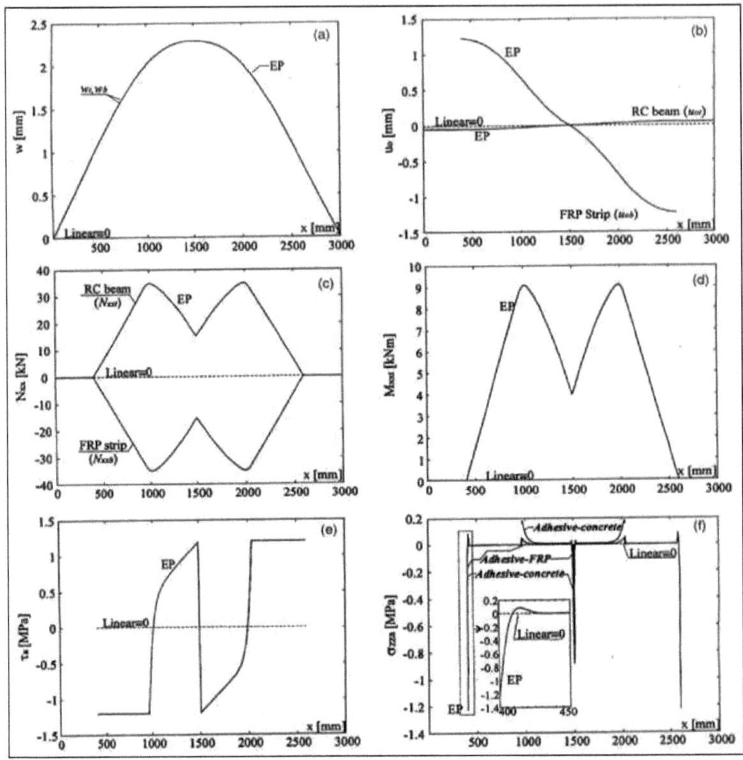

Şekil 2.18 Durum B : q_t=0.06 kN/mm'ye kadar yükleme yapıldıktan ve boşaltma yapılıp yük kaldırıldıktan sonraki sehimler ve gerilmeler (a) düşey sehimler (b) düzlemiçi sehimler (c) düzlemiçi kuvvetler (d) betonarme kirişte eğilme momentleri (e) yapıştırıcı tabakadaki kayma gerilmeleri (f) yapıştırıcı arayüzündeki düşey normal gerilmeler. (---) lineer yapıştırıcı ve (—) elasto-plastik yapıştırıcı

Şekil 2.19 (c ve d)'de FRP şeridindeki en büyük boyuna yerdeğiştirmeleri ve şerit ucuna yakın gerilmeler verilmektedir. Bu sonuçlar, boyuna deformasyon eğrileri için inelastik yükleme-boşaltma-tekrar yükleme örneğidir. Aynı zamanda, lineer elastik normal gerilme-birim şekil değiştirme davranışı kabul edilmesine rağmen düşey normal gerilme eğrileri histeretik karakter sergilemektedir. Gerilmelerin histeretik karakteri, FRP şeridindeki çekme kuvvetlerini sınırlayıp, kayma gerilmelerini azaltmakta ve yapıştırıcının inelastik kayma davranışı sonucu şerit bitim yeri yakınında oluşan ankraj kuvvetlerini azaltmaktadır. Bütünüyle şerit uçlarında gerilme yoğunlaşmasından kaçınılamasa da, bu faktörlerin birleşimi ve eğimli düzen, etkiyen dış yükle beraber, kenar gerilmelerinin gelişimini sınırlayacaktır. Böylece, güçlendirilen elemanın tüm davranışını iyileştiren ve kritik kenar bölgede elemanın sınırlı davranışını artıran inelastik yapıştırıcı etkisi ortaya çıkacaktır.

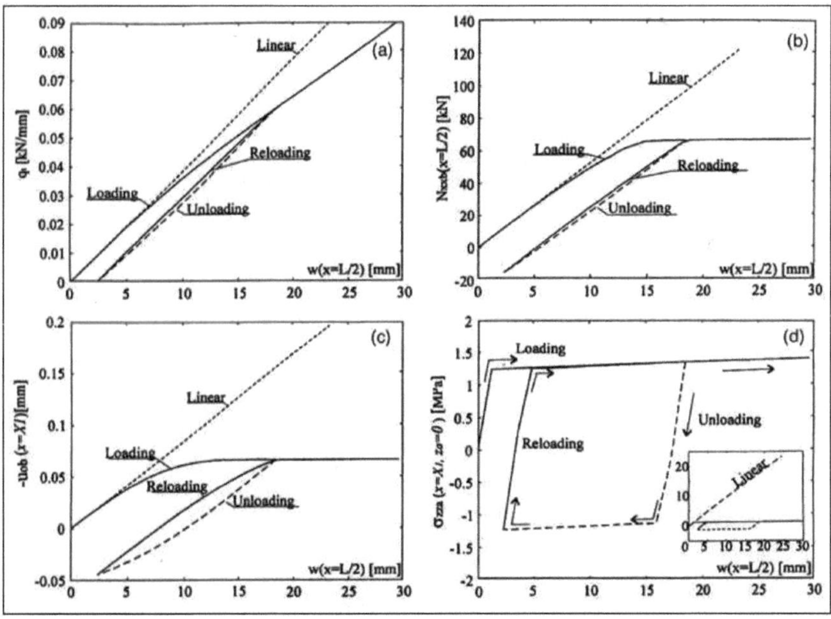

Şekil 2.19 Durum B : Yükleme-boşaltma-tekrar yükleme davranışı (a) yük-sehim (b) FRP'deki çekme kuvvetleri (c) FRP'deki en büyük boyuna sehimler (d) FRP ucundaki en büyük düşey normal gerilmeler

Şekil 2.19'da görülen boyuna yerdeğiştirmeler ve düzlem içi gerilmeler, süneklik derecesini göstermektedir. Ancak, yük-sehim davranışı yapısal elemanın klasik sünek davranışından biraz farklıdır. Bu etki, eğilme momentini karşılayan birleşik iki mekanizmadan oluşan güçlendirilen kirişe fazladan bir katkı sağlamaktadır. Öncelikle, FRP'de çekme ve betonarme elemanda basınç oluşur ve güçlendirilen elemanın kompozit hareketi devreye girer. Daha sonra, momentin bir kısmını rijitlik ve dayanıma sahip betonarme eleman taşır. Yapıştırıcı, nihai kayma dayanımına ulaşır ve FRP şeridindeki çekme kuvvetleri artık artmaz, yalnızca, artan yük betonarme kiriş tarafından taşınır ve böylece, yük-sehim eğrisinin başlangıç eğimi betonarme kirişin rijitliğini yansıtır. Bu etki, özellikle geniş çatlak, akma veya iç donatının kopması nedeniyle kiriş rijitliği ve dayanımının azaldığı durumda daha önemli olmaktadır. Bu gibi durumlarda, moment yalnızca, kompozit hareket mekanizması tarafından karşılanır. Böylece, inelastik yapıştırıcının, güçlendirilen kesit tarafından taşınan momenti sınırlaması nedeniyle, FRP şeridinin elasto-plastik davranışı, plastik mafsalın oluşmasına ve klasik sünek davranışına olanak tanımaktadır.

2.2.5.4 Özet ve Sonuçlar

Nonlineer ve inelastik yapıştırıcılar kullanılarak dıştan FRP şeritlerle güçlendirilen betonarme kirişin davranışını iyileştirmek için alternatif bir yaklaşım sunulmuştur. Belirtilen yapıştırıcıların kullanılmasıyla güçlendirilen betonarme kirişlerin analizi için matematiksel bir model türetilmiştir. Elastik nonlineer veya elasto-plastik kayma davranışına sahip yapıştırıcının doğrusal olmayan malzeme davranışı için yüksek mertebe modeli hesaba katılmıştır. Elastik-nonlineer yapıştırıcılar kullanılarak güçlendirilen kirişlerin nonlineer bünye denklemleri elde edilmiş ve sayısal olarak çözülmüştür. Elasto-plastik yapıştırıcılar kullanılan durumlarda matematiksel modelin çözümü için iteratif bir yöntem geliştirilmiştir.

İki özel durum sayısal olarak çalışılmıştır. İlk durumda, lineer, elastik-nonlineer ve elasto-plastik yapıştırıcılar kullanılarak güçlendirilen betonarme elemanların davranışı araştırılmıştır. Sonuçlar, FRP'deki sehimler, çekme kuvvetleri ve yapıştırıcı tabakadaki inelastik kayma gerilmeleri açısından sonlu elemanlar analiz sonuçlarıyla uyumlu olduğu görülmüştür. İkinci sayısal durum, yükleme-boşaltma-tekrar yükleme yapılarak elasto-plastik yapıştırıcı malzeme kullanılarak kirişin davranışı belirlenmiştir. Sonuçlar, inelastik ve nonlineer yapıştırıcı malzemelerin arayüz kayma gerilmelerini azalttığını, gerilmelerin daha düzgün olarak seyrettiğini ve yapıştırılan şeridin ucuna yakın noktalarda kayma gerilme yoğunlaşmasını azalttığı gözlenmiştir. Ayrıca bu malzemelerin, yapıştırılan FRP şeridinde oluşan çekme kuvvetlerinin büyüklüğünü sınırladığı ve göçme oluşuncaya kadar lineer elastik davranış yerine "elasto-plastik" sünek davranışa neden oldukları görülmüştür. Böylece, plastik mafsal oluşumunu sağlayan bir mekanizma sağlanmaktadır. Ayrıca, FRP şeridindeki kopma, betonun ezilmesi veya tabakalaşma nedeniyle gevrek göçmeden kaçmak için katkıda bulunacak ve süneklik seviyeli güçlendirilen bir eleman elde edilebilir. Bu avantajların yanı sıra güçlendirilen eleman güvenle kullanılabilecektir.

2.2.6 FRP Plakalı Betonarme Kirişlerin Arayüz Gerilmeleri

(Interfacial Stresses in Externally FRP-plated Concrete Beams)
Tounsi O.& Benyoucef S.

2.2.6.1 Çalışmanın Amacı ve Kapsamı

Çalışmada, kompozit plakalarla güçlendirilen betonarme kirişlerde, arayüz gerilmeleri dağılımını belirlemek için analitik bir yöntem geliştirilmiştir. Sunulan analizde, kayma ve yüzey gerilmelerini belirlemek için, FRP plakasında lif yönünü dikkate alan, basit bir teorik model ortaya konulmuştur. Nümerik sonuçlar, sunulan çözümün, mevcut çözümlere göre avantajlarını ve kirişteki arayüz gerilmelerinin ana karakteristiklerini göstermiştir [24].

2.2.6.2 Kuramsal Yaklaşım

Sunulan çözümün elde edilmesinde malzeme 1 ve malzeme 2 terimleri kullanılmıştır (Şekil 2.20). Burada, malzeme 1, betonarme kiriş ve malzeme 2 ise plaka olarak belirtilmektedir. Malzeme 2 çelik ya da FRP olabilir, fakat bu ikisiyle sınırlı tutulmamıştır. Aşağıda çalışmada yapılan kabuller verilmiştir :

1. Beton, yapıştırıcı ve FRP malzemeleri elastik ve lineer davranışa sahiptir.
2. Arayüzde hiçbir kayma söz konusu değildir (yapıştırıcı-beton arayüzü ve yapıştırıcı-plaka arayüzünde tam bağ vardır).
3. Yapıştırıcı tabakadaki gerilmeler, kalınlık boyunca değişmemektedir.
4. Malzeme 1 ve malzeme 2 deformasyonları eğilme momenti ve eksenel kuvvetlerden oluşmaktadır.
5. Kayma gerilme analizi, kiriş ve plakanın eğriliği eşit kabul edilmiştir (kayma gerilmesi ve yüzey gerilmesi denklemlerinin ayrı ayrı bulunmaması için). Bununla birlikte, bu kabul, yüzey gerilmesi için yapılan çözüm için geçerli değildir.

Çalışmanın analitik kısmı kapsamında, yapıştırıcı kayma gerilmeleri ve yapıştırıcı yüzey gerilmeleri için bünye diferansiyel denklemleri çıkarılmıştır. Arayüz kayma gerilmeleri ve normal gerilmeler için genel çözümler elde edildikten sonra, üç yük durumu için (düzgün yayılı, tekil ve iki simetrik yük) dikkate alınarak sınır şartları uygulanmıştır. Böylece, üç yük durumuna ait, uygun sınır şartları kullanılarak arayüz kayma ve normal gerilme ifadeleri belirlenmiştir.

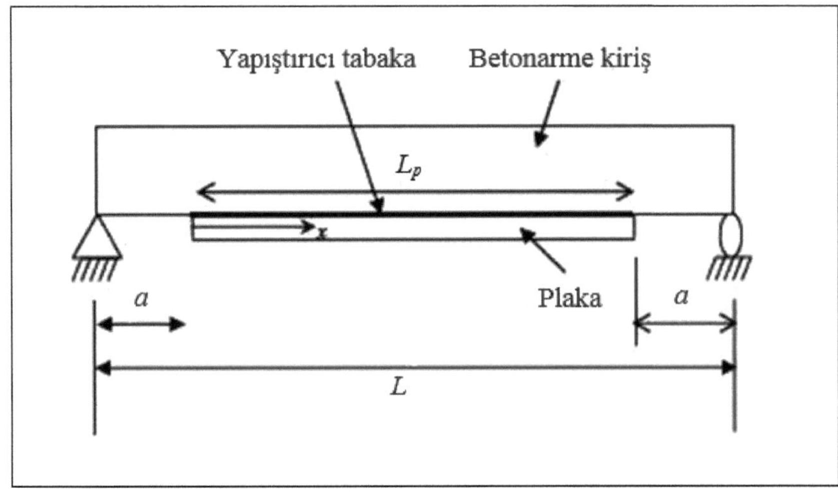

Şekil 2.20 Plaka ile güçlendirilen basit mesnetli kiriş

2.2.6.3 Yöntemin Doğrulanması

Bu yöntemin, Smith ve Teng [21] tarafından sunulan kapalı-form çözümüyle karşılaştırılarak doğrulaması yapılacaktır. Bunun nedeni, özellikle yapıştırılan plakaların eğilme rijitliği önemli olduğu zaman daha geniş uygulanabilirliği olan bir yöntem olduğunun görülmesindendir. FRP plaka ile güçlendirilen betonarme kiriş analizleri yapılacaktır. Kiriş, basit mesnetli ve merkezi noktasal yüke veya düzgün yayılı yüke maruz bırakılacaktır. Geometrik ve malzeme özellikleri Tablo 2.5'te verilmiştir. Kiriş açıklığı, L=3000 mm, plakanın mesnetlerden uzaklığı, a=300 mm, noktasal yük, 150 kN ve düzgün yayılı yük, 50 kN/m dir.

Tablo 2.5 Geometrik ve malzeme özellikleri

Malzeme	E_{11}	E_{22}	G_{12}	v_{12}	Genişlik (mm)	Derinlik (mm)
CFRP plaka	140	10	5	0.28	b_2=200	t_2=4
GFRP plaka	50	10	5	0.28	b_2=200	t_2=4
Çelik plaka	200	200		0.3	b_2=200	T_2=4
Betonarme kiriş	30	30		0.18	b_1=200	T_1=300
Yapıştırıcı tabaka	3	3		0.35	b_2=200	T_a=4

Arayüz kayma ve normal gerilmeler, sunulan kapalı-form çözümü yanısıra, Smith ve Teng tarafından geliştirilen yöntem kullanılarak elde edilmiştir. Şekil 2.21, tek noktasal yük için, Şekil 2.22 ise, düzgün yayılı yük için yapılan analizler sonucu elde edilen gerilmeleri göstermektedir. Sonuçlardan anlaşılacağı üzere, iki yöntem arasında çok iyi bir uyum vardır.

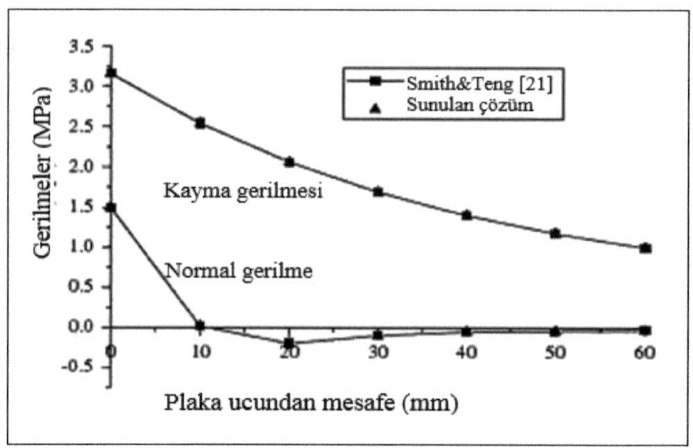

Şekil 2.21 Noktasal yüke maruz FRP plakalı betonarme kiriş için arayüz kayma ve normal gerilmelerin karşılaştırılması

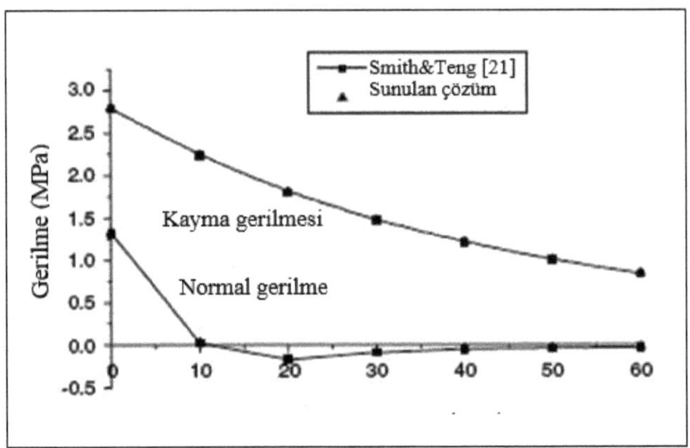

Şekil 2.22 Düzgün yayılı yüke maruz FRP plakalı betonarme kiriş için arayüz kayma ve normal gerilmelerin karşılaştırılması

2.2.6.4 Kuramsal Parametrik Çalışma

Bu kısımda, sunulan çözümlerin nümerik sonuçları, FRP plaka ile güçlendirilen betonarme kirişte arayüz gerilmelerinin dağılımında çeşitli parametrelerin etkisini göstermek için verilmiştir. Bu sonuçlar, güçlendirilen kirişlerde arayüz gerilme dağılımlarının ana karakteristiklerini gösterme amacını taşımaktadır.

a) Lif Oryantasyonunun Etkisi

Yapıştırıcı gerilmelerinde lif oryantasyonunun etkisi Şekil 2.23 ve Şekil 2.24'te gösterilmiştir. Kirişin boyuna doğrultusunda kompozit plakada yüksek dayanımlı fiberlerin artması, maksimum arayüz gerilmelerinin de yükselmesine sebep olmuştur.

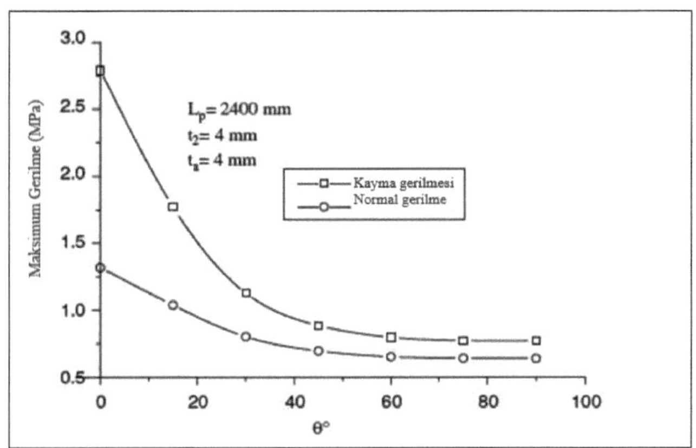

Şekil 2.23 Düzgün yayılı yüke maruz CFRP'li betonarme kiriş için arayüz kayma ve normal gerilmelerde lif oryantasyonunun etkisi

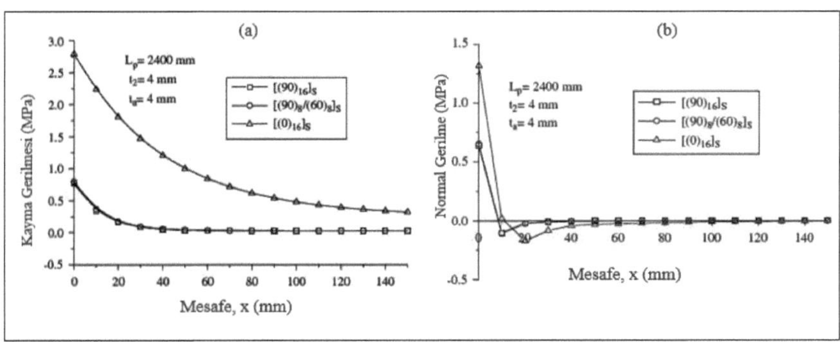

Şekil 2.24 Farklı lif oryantasyonuna sahip CFRP plakalı betonarme kiriş için arayüz gerilmeleri (düzgün yayılı yüke maruz) : (a) kayma gerilmesi (b) normal gerilme

b) FRP Şerit Kalınlığının Etkisi

FRP plaka kalınlığı, uygulamada önemli bir tasarım değişkenidir. Şekil 2.25, arayüz gerilmelerinde FRP plaka kalınlığının etkisini göstermektedir. Burada, 6, 8, 10, 12 ve 24 mm kalınlıkları dikkate alınmıştır. Arayüz gerilme seviyesi ve yoğunluğu, FRP plaka kalınlığından önemli ölçüde etkilenmiştir. Arayüz gerilmeleri,

FRP plaka kalınlığı arttıkça, yükselmiştir. Genel olarak, pratik mühendislikte kullanılan FRP plaka kalınlığı, çelik plakayla karşılaştırıldığında çok küçüktür. Bununla birlikte, daha küçük arayüz gerilme seviyesi ve yoğunluğu, çelik plakanın FRP'ye göre avantajlarından sayılabilir.

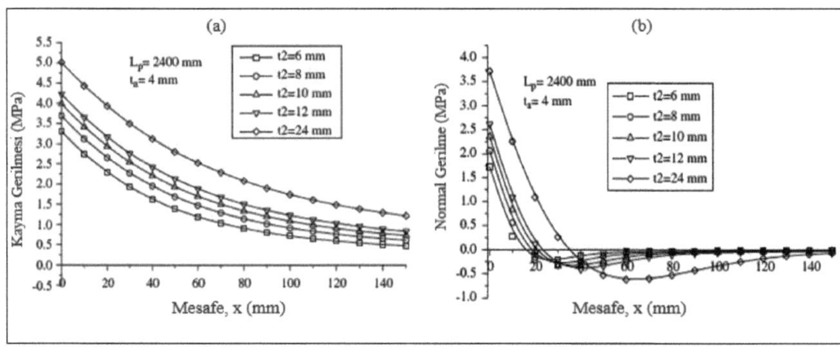

Şekil 2.25 CFRP ile güçlendirilmiş kirişte arayüz gerilmelerine plaka kalınlığının etkisi (Düzgün yayılı yüke maruz): (a) kayma gerilmesi (b) normal gerilme

c) Güçlendirilen Kirişte Plaka Uzunluğunun Etkisi

Şekil 2.26'da, güçlendirilen kiriş bölgesi uzunluğunun (L_p) etkisi görülmektedir. Plaka bitim noktası mesnetlerden uzaklaştıkça, arayüz gerilmeleri önemli ölçüde artmaktadır. Bu sonuç, herhangi bir güçlendirme durumunda, kiriş orta noktasında maksimum eğilme momentinin sınırlandırılması gerekiyorsa, güçlendirme şeridinin mümkün olduğunca mesnet noktalarına yakın olması gerekmektedir.

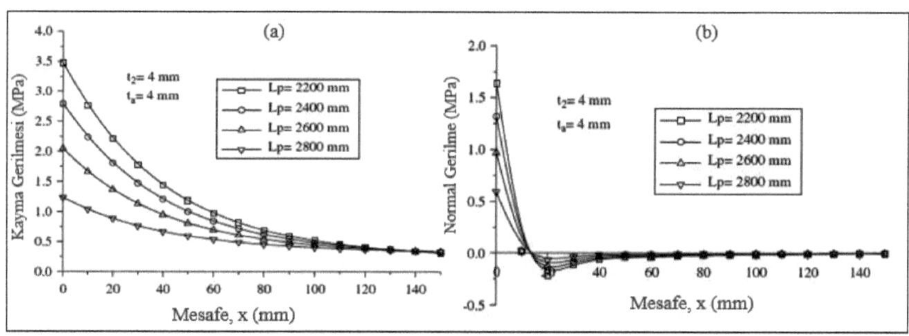

Şekil 2.26 CFRP ile güçlendirilmiş kirişte arayüz gerilmelerine plaka uzunluğunun etkisi (Düzgün yayılı yüke maruz): (a) kayma gerilmesi (b) normal gerilme

d) Güçlendirme Plakasının Elastisite Modülünün Etkisi

Şekil 2.27, sırasıyla, çelik plaka, CFRP plaka ve GFRP plaka yapıştırılan betonarme kiriş için plaka malzeme özelliklerinin etkisini gösteren arayüz normal ve kayma gerilmelerini vermektedir. Sonuçlar, plaka malzemesi yumuşadıkça (çelikten, CFRP ve GFRP'ye), arayüz gerilmeleri, beklendiği üzere, daha küçük olmaktadır. Bunun nedeni, aynı yük altında, plakada oluşan çekme kuvvetinin daha küçük olmasıdır ki, bu durum arayüz gerilmelerini azaltmaktadır. Maksimum arayüz kayma gerilmesi, plaka daha yumuşak oldukça, serbest bölüme (güçlendirilmeyen kısım) daha yakın olmaktadır.

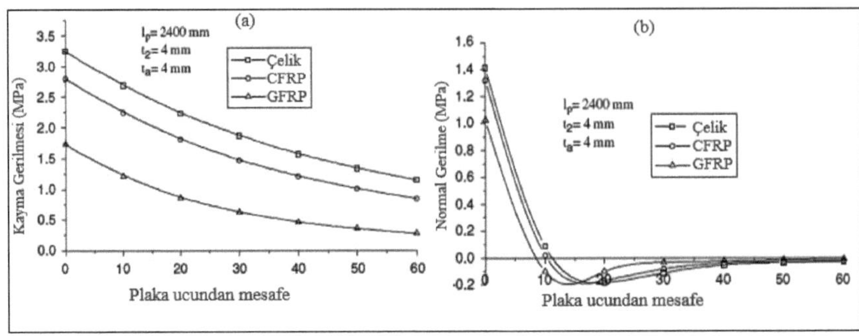

Şekil 2.27 Güçlendirilmiş kirişte arayüz gerilmelerine plaka malzeme türünün etkisi (a) kayma gerilmesi (b) normal gerilme

2.2.6.5 Sonuçlar

Bu çalışmadan elde edilen sonuçlar aşağıda belirtilmiştir:

a. FRP plaka ucunda gerilme yoğunlaşmaları vardır. Normal gerilme yoğunlaşmaları çekme gerilmesidir, ama hızlı bir şekilde, küçük salınımlarla sıfıra gitmektedir. Betonarme kirişten, FRP plakanın ilk ayrışması, FRP plaka ucunda, arayüz kayma ve normal gerilme etkisinin bir sonucudur.

b. FRP plaka ucundan uzakta, arayüz normal gerilmeleri hemen hemen sıfırdır, ama, arayüz kayma gerilmesi ölçülebilir bir değere sahiptir.

c. Maksimum arayüz gerilmeleri, kirişin boyuna doğrultusunda kompozit plakadaki yüksek dayanımlı liflerin artmasıyla, yükselmektedir.

d. Arayüz gerilmeleri, FRP plaka ile yapıştırıcı tabakanın kalınlığı gibi geometrik parametrelerden etkilenmektedir.

Arayüz gerilme yoğunlaşması ve seviyeleri, FRP plakanın kalınlığının artmasıyla, önemli ölçüde artmaktadır. Değişik yapıştırıcı kalınlıklarında ise arayüz gerilmelerinde küçük değişiklik olmaktadır. Parametrik çalışmaya dayanan başka bir sonuç, FRP şerit mesnede yaklaştıkça, kenar gerilme değerlerinin azalmasıdır.

e. FRP plakanın rijitliği, arayüz kayma gerilmelerini dikkate değer şekilde, arayüz normal gerilmelerini ise belli belirsiz etkilemektedir.

3. Malzeme ve Yöntem

3.1 Deneysel Çalışma

3.1.1 Genel

Diğer birçok mühendislik alanına ilişkin problemler gibi İnşaat Mühendisliğine ilişkin problemlerin birçoğunun da basit bağlantı ve algılamalarla çözülemeyecek kadar karmaşık olduğu, dolayısıyla da bunların çözümünde deneylerin ve deneysel çalışmaların yeri ve önemi bilinmektedir. Gerçekten bugünkü teknolojik gelişmelerle de deneysel araştırmalar ve bu araştırmalarda kullanılan ölçü aletleri çok önemli rol oynamaktadır [50]. Genel anlamda, deneylerin gerçekleştirilmeleri farklı nedenlere dayanmakla birlikte, yapılan çalışmada amaç, konu üzerindeki teorik esasları belirlemeye yönelik araştırma deneyleridir.

Betonarme elemanların doğrusal olmayan davranışını araştırmak için laboratuarlarda model deneylerinin yapılması veya bilgisayar simülasyon tekniklerinin kullanılması gerekmektedir. Deneysel çalışmalar gerçekçi sonuçlar vermekle birlikte betonarme elemanın büyüklüğü, boyutları, şekli, yükleme ve mesnetlenme koşullarıyla sınırlı kalmaktadır. Ayrıca deneysel çalışmalar uzun zamana ihtiyaç duyulan, maliyeti yüksek ve laboratuar olanakları ile çok yakından ilişkili çalışmalardır. Bunun yanında araştırılmak istenen betonarme yapı ya da eleman, bahsedilen sınırlamalar olmadan bilgisayar ortamında modellenebilir. Bilgisayarda oluşturulan modelin doğruluğunun büyük ölçüde malzeme varsayımlarına, modelin ve mesnetlenme şartlarının gerçeğe uygun olmasına bağlı olduğu unutulmamalıdır. Bilgisayar yazılımları henüz tam olarak deneysel çalışmaların yerini tutmasalar da büyük kolaylıklar sağlamakta ve tasarım aşamasına yön vermektedirler. Bu kapsamda, 3. bölümde, deneysel çalışma süreci ve sonlu eleman programına ait teorik esaslar aktarılmaya çalışılacak, bir sonraki bölümde deneysel çalışma ve nümerik analiz sonuçları verilecektir.

3.1.2 Deney Programı

Kiriş deneyleri, İstanbul Üniversitesi Mühendislik Fakültesi İnşaat Mühendisliği Bölümü Yapı-Malzeme Laboratuvarı'nda yer alan eğilme çerçevesinde (*Flexural Frame- EL37-6140*) gerçekleştirilmiştir. Çalışmada, lif takviyeli polimerle takviye edilmiş kare kesitli basit mesnetli betonarme kiriş seçilmiştir. Deney elemanına monotonik yükleme, dört nokta yüklemesi olarak 300 kN kapasiteli otomatik kontrollü bir hidrolik kriko ile uygulanmış ve yük hücresi (load cell) ile ölçülmüştür. Deneysel çalışmada bir adedi kontrol kirişi (referans kiriş) olmak üzere onbeş adet betonarme kiriş test edilmiştir (Şekil 3.1).

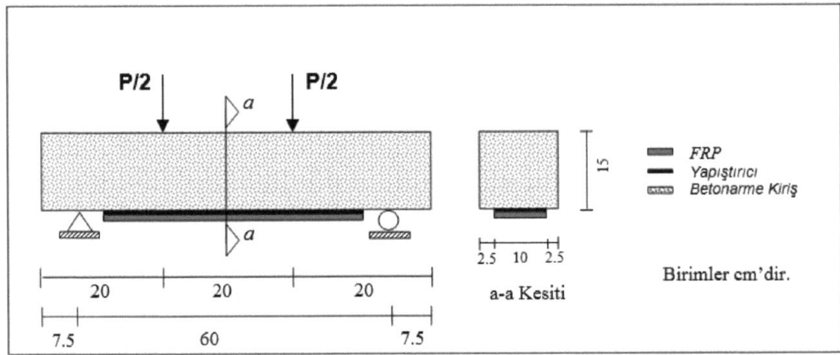

Şekil 3.1 Betonarme kiriş elemanının geometrisi ve yükleme durumu

Yükleme sisteminden anlaşılacağı gibi, kesme kuvvetinin olmadığı basit eğilme etkisindeki bölge, iki tekil yükün uygulandığı kesitler arasıdır (Şekil 3.2).

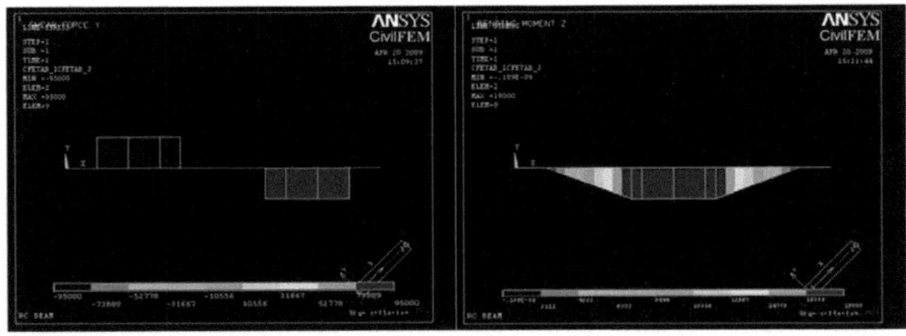

Şekil 3.2 Uygulanan yükün kirişte oluşturacağı kesme kuvveti ve moment diyagramları

Yalnızca eğilme etkisinin ele alındığı, kesit düzeyindeki bu çalışmada yük-yerdeğiştirme ilişkilerinin belirlenebilmesi için tüm ölçümler iki tekil yükün uygulandığı kesitler arasında yapılmıştır. İncelenen kesitte çökmenin bulunabilmesi için, kiriş ortasına yerleştirilen lvdt (yerdeğiştirme ölçer) kullanılmıştır. Mesnetteki olası çökme durumu ihmal edilmiştir.

Deney elemanı çerçeve içine yerleştirildikten sonra elemana yük hücresi ile simetrik olarak iki tekil yük uygulanmıştır. Uygulanan tekil yükün değeri, yükleme çerçevesinin üzerinde giriş yeri bulunan yük ölçer ile bilgisayardan kontrollü olarak izlenmiştir. Deneyin yapılacağı kontrol ünitesi ile eğilme çerçevesi Şekil 3.3'te, deney ve ölçüm düzeneği ise Şekil 3.4'te görülmektedir. Eğilme çerçevesi boyutları, en, boy yükseklik olmak üzere, sırasıyla 840 mm, 845 mm, 1215 mm'dir.

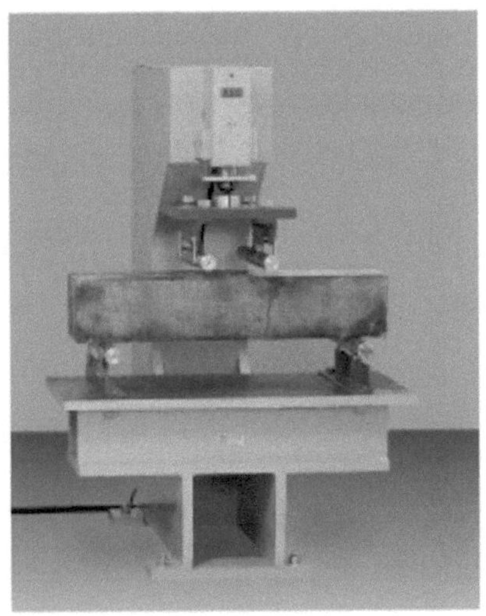

Şekil 3.3 Deneysel çalışmada kullanılacak kontrol ünitesi ve eğilme çerçevesi

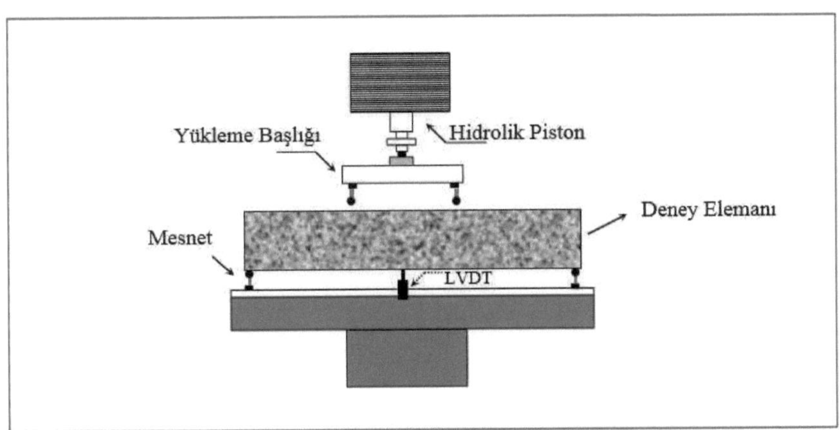

Şekil 3.4 Deney ve ölçüm düzeneği

Deneyde bilgisayar destekli yükleme sistemi kullanılmıştır. Deney elemanından kiriş orta nokta yerdeğiştirmesi, düşey doğrusal yerdeğiştirme okuyucusunun (LVDT- *Linear Variable*

Displacement Transducers) kiriş orta noktasına sabitlenmesi ile ölçülmüştür. Test sonucunda ise yük-sehim grafikleri elde edilmiştir.

Betonarme kirişin hazırlanmasında, beton kalitesinin değişiklik göstermemesi ve uygun koşullarda hazırlanması amacıyla, öncelikle onbeş adet kirişin donatıları hazırlanmış, sonrasında, beton santralindeki beton kullanılarak, çelik kalıplarda betonarme kiriş üretimi gerçekleştirilmiştir. Betonarme kiriş için hazırlanan donatı detayları Şekil 3.5'te gösterilmiştir. Kirişin alt yüzeyine FRP-Lif Takviyeli Polimer (Fiber Reinforced Polymer) yapıştırılacak olması nedeniyle beton yüzeyinin pürüzsüz olması önem arzetmektedir. Bu nedenle, donatı kalıba yerleştirilirken, kesitin kare olması durumu göz önüne alınarak, donatı kalıp içerisine yan yerleştirilmiştir. Sonrasında ise, beton, kalıba dökülmüştür (Şekil 3.6).

Deney eleman boyutlarının tespitinde, eğilme deneyi yapacak deney aletinin yükleme çerçevesi boyutu, eleman boyutu için seçim serbestliğini kısıtlamış, eleman boyutları, bu durum göz önüne alınarak belirlenmiştir.

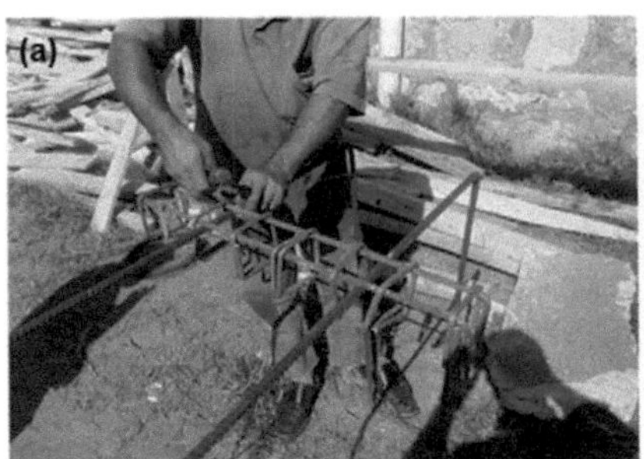

Şekil 3.5 Kiriş donatıları (a) hazırlanma aşaması (b) tamamlanmış hali

Şekil 3.6 Betonarme kiriş (a) kalıba yerleştirilmesi (b) kalıba yerleştirilmiş hali

Beton döküldükten 24 saat sonra 28 gün beklemek üzere 21° sıcaklıktaki kür havuzuna konulmuştur. Kirişler dökülürken aynı zamanda 2 adet küp numune de alınarak küp numuneleri de kirişlerle birlikte aynı koşullarda havuzda bekletilmiş ve 3, 7 ve 28 günlük kırım sonuçlarına göre kirişlerin dayanım farklılıkları belirlenmiştir. Onbeş adet numunede beton sınıfı farklılıkları istenmemesine karşın, alınan küp numunelerin sonuçlarında, karakteristik beton mukavemetlerinin 25, 30 ve 35 MPa olduğu görülmüştür. Üretilen betonarme kirişler Şekil 3.7'de, numune dayanım değerlerine karşılık gelen beton sınıfları ise Tablo 3.1'de verilmiştir.

Şekil 3.7 Betonarme kirişlerin laboratuar ortamında genel görünümü

Tablo 3.1 Kiriş numune dayanım değerleri ve belirlenen beton sınıfları

Numune No	Numunenin Alındığı Kiriş No	Numune Alınış Tarihi	Öngörülen beton sınıfı / Çökme (cm)	Numune Adedi	3.Gün Kırım Tarihi ve Değeri	7.Gün Kırım Tarihi ve Değeri	28.Gün Kırım Tarihi ve Değeri	Belirlenen Karakteristik Beton Mukavemeti f_{ck} *(MPa)*
1	**B01** **B02**	15.10.08	C30/37 14	4	--- --- ---	--- --- ---	--- --- ---	**30**
2	**B03** **B04**	18.10.08	C30/37 14	4	21.10.2008 **34** ---	25.10.2008 **38** ---	15.11.2008 **44 41**	**30**
3	**B05** **B06**	19.10.08	C30/37 16	4	22.10.2008 **29** ---	26.10.2008 **36** ---	16.11.2008 **41 43**	**30**
4	**B07** **B08**	23.10.08	C30/37 10	4	26.10.2008 **39** ---	30.10.2008 **44** ---	20.11.2008 **50 48**	**35**
5	**B09** **B10**	26.10.08	C30/37 15	4	29.10.2008 **30** ---	02.11.2008 **37** ---	23.11.2008 **43 42**	**30**
6	**B11** **B12**	29.10.08	C30/37 19	4	01.11.2008 --- ---	05.11.2008 **26 26**	26.11.2008 **32 31**	**25**
7	**B13** **B14**	30.10.08	C30/37 11	4	02.11.2008 --- ---	06.11.2008 **39 41**	27.11.2008 **45 48**	**35**
8	**B15** ---	09.11.08	C30/37 18	4	12.11.2008 --- ---	16.11.2008 **38 38**	07.12.2008 **34 36**	**30**

** B01 ve B02 kirişleri için numune alımı yapılmadığından, söz konusu numunenin beton sınıfı, çökme (slump) değerinin, diğer numunelerin çökme değerlerine karşılık gelen beton sınıfı referans alınarak belirlenmiştir.*

Üretilen onbeş adet betonarme kirişin her biri, 75 cm uzunluğunda ve 15x15 cm kare kesite sahiptir. Boyutlar ve donatı özellikleri Tablo 3.2'de, donatı detayları Şekil 3.8'de gösterilmiştir.

Tablo 3.2 Betonarme kiriş elemanının boyutları ve malzeme özellikleri

Deney Elemanı	**Kesit (mm^2)**	**Kiriş Uzunluğu L (mm)**	**Boyuna Donatı çapı ve adedi**	**Donatı Sınıfı**	**Etriye çapı ve aralığı**	**Paspayı (mm)**
Betonarme Kiriş	150x150	750	4ϕ10	S420	ϕ8/10	25

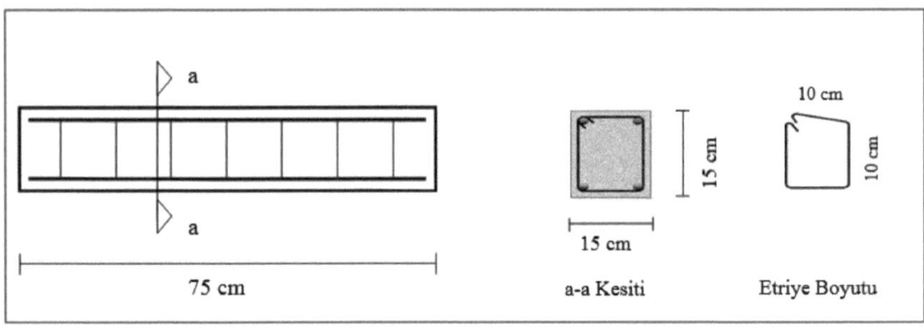

Şekil 3.8 Betonarme kiriş elemanının donatı detayı

Deney elemanlarında, beton kalitesi, donatı çapları aynı olarak alınmıştır. Yapıştırıcı kalınlığı 0,5-4 mm arasında değiştirilerek ve beton yüzeyi kuru / nemli olarak test edilmiştir. Kullanılan yapıştırıcılardan Sikadur 30'un A ve B bileşenleri 5/1 oranlarında tartılmıştır. FRP'nin yüzeyi hiçbir toz vs. kalmayacak şekilde temizlenmiştir. Beton alt yüzeyi, kiriş üretilirken simetriden yararlanarak kalıbın yan yüzeyi olarak ayarlandığından herhangi bir işlem gerekmemiştir. Kap içerisindeki tartılmış yapıştırıcı, elektrikle çalıştırılan karıştırıcıyla, karışım gri bir renk alıncaya kadar karıştırılmıştır. Karışım, kullanım zamanları içerisinde (yaklaşık 30 dakika) kullanılmıştır. Yapıştırıcı, spatulayla betonarme kiriş ve FRP yüzeylerine istenilen kalınlığa göre sürüldükten sonra, beton yüzeye istenilen kalınlığa (örneğin, 1 mm) uygun olarak tel parçaları konularak sıkıştırma sonrası epoksi kalınlığı sağlanmıştır. FRP yapıştırılmış kirişin üzerine her tarafından düzgün yayılı olarak temas edecek şekilde ağırlıklar konulmuş ve 24 saat bekletilmiştir. Enjeksiyonla uygulanan diğer yapıştırıcı Sikadur 52'de ise, kiriş yere 45° olacak şekilde sabitlenmiş ve yapıştırma uygulandıktan sonra işkenceler yardımıyla Sikadur 30'da olduğu gibi 24 saat bekletilmiştir. Betonarme kirişlere FRP uygulama aşamaları ve uygulandıktan sonraki durumu Şekil 3.9, Şekil 3.10 ve Şekil 3.11'de; Kiriş no'larına göre yapıştırıcı ve beton yüzeyi durumu ise Tablo 3.3'te verilmiştir.

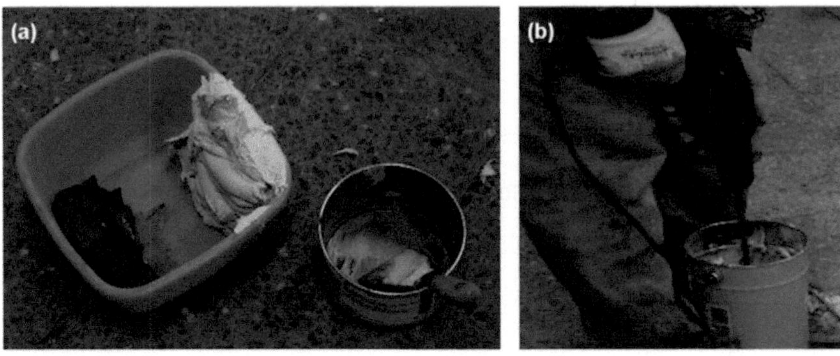

Şekil 3.9 (a) İki bileşenli epoksi reçinesi (b) yapıştırıcının karıştırılma aşaması

Şekil 3.10 Yapıştırıcının kiriş alt yüzeyine uygulanması

Şekil 3.11 FRP uygulanan kirişlerin genel görünümü

Tablo 3.3 Deneyde kullanılan FRP / yapıştırıcı özellikleri ve uygulama koşulları

Deney Elemanı	FRP Tipi	Yapıştırıcı Türü	FRP Uzunluğu (mm)	Uygulanan Beton Yüzeyi	Yapıştırıcı Kalınlığı t_a (mm)
B01	SikaCarboDur1012	Sikadur 30	550	Kuru	< 1
B02	SikaCarboDur1012	Sikadur 30	550	Kuru	1
B03	SikaCarboDur1012	Sikadur 30	550	Kuru	2
B04	SikaCarboDur1012	Sikadur 52	550	Kuru	1
B05	SikaCarboDur1012	Sikadur 52	550	Kuru	2
B06	SikaCarboDur1012	*Sikadur 52	550	Kuru	4
B07	SikaCarboDur1012	**Sikadur 30	550	Kuru	4
B08	SikaCarboDur1012	Sikadur 52	550	Kuru	4
B09	SikaCarboDur1012	Sikadur 30	550	Kuru	4
B10	SikaCarboDur1012	Sikadur 30	550	Nemli	4
B11	SikaCarboDur1012	**Sikadur 30	550	Nemli	4
B12	SikaCarboDur1012	Sikadur 30	550	Nemli	2
B13	SikaCarboDur1012	Sikadur 30	550	Nemli	1
B14	SikaCarboDur1012	Sikadur 30	550	Nemli	< 1
B15	Kontrol Numunesi (Betonarme Kiriş, FRP'siz Durum)				

* *Kullanılan yapıştırıcı ve kum miktarı : 160 gr. Sikadur52 + 400gr. Kum*   ** *agregalı*

Betonarme kirişlere uygulanan FRP ve yapıştırıcıların malzeme özellikleri Tablo 3.4 ve Tablo 3.5'te verilmiştir.

Tablo 3.4 FRP'nin boyutları ve malzeme özellikleri

FRP tipi	Birim Ağırlık (g/cm³)	Genişlik (mm) / Kalınlık (mm)	Kopma Uzaması (% min)	Nihai Çekme Dayanımı, f_{fu} *(N/mm²)*	Elastisite Modülü, E_f *(N/mm²)*
SikaCarbodur 1012	1.60	100 / 1.2	>1.70	35	165000

Tablo 3.5 FRP uygulamasında kullanılan yapıştırıcıların mekanik ve fiziksel özellikleri*

Yapıştırıcı Türü	Kimyasal Yapısı	Yoğunluk (kg/l)	Basınç Dayanımı (N/mm²)	Elastisite Modülü (N/mm²) Basınç /Çekme	Çekme Dayanımı (N/mm²)	Yapışma Dayanımı (N/mm²)
Sikadur 30	Epoksi Reçinesi	1.65 +/- 0.1	70-80 (7 gün)	9600 / 11200	24-27 (7 gün)	>4 (7 gün)
Sikadur 52	Düşük Viskoziteli Enjeksiyon Reçinesi	1.085	53 (10 gün)	-	25 (10 gün)	>4 (7 gün)

** Değerler, ürün bilgi föylerinden alınmıştır.*

3.2 ANSYS® WB ile Betonarme Kiriş Modeli

3.2.1 Genel

ANSYS®, yüzbinden fazla satır kod içeren kapsamlı ve genel amaçlı sonlu elemanlar bilgisayar programıdır. ANSYS ile statik ve dinamik analizler yapılabilmektedir. Günümüzde ANSYS havacılık, otomotiv, elektronik gibi bir çok mühendislik alanlarında kullanılmaktadır. Çalışmada, ANSYS sonlu eleman programı kullanılarak FRP'li betonarme kirişlerin doğrusal olmayan davranışının, deneysel veriler ile uyumlu olup olmadığının belirlenmesine çalışılmıştır. Uyumlu olması durumunda, laboratuar ortamında deney için harcanan zamandan tasarruf edilebileceği gibi gereğinden fazla deney elemanları üretiminin önüne geçilmiş olacaktır. Böylelikle, değişik kesitler ve malzeme özellikleri seçilerek davranış bilgisine ulaşılabilecektir.

Tez çalışmasında deneye tâbi tutulan betonarme kirişin analizi, sonlu elemanlar yöntemi kullanılarak yapılacaktır. Genel amaçlı sonlu elemanlar paket programı olan ve mekanik problemlerin nümerik çözümünde kullanılan ANSYS sonlu elemanlar programı, modelin analizinde kullanılmak üzere seçilmiştir. Sonlu elemanlar yöntemini esas alan ANSYS programı, 1971 yılından günümüze kadar, kendisine giderek daha büyük uygulama alanı bulacak şekilde geliştirilmiştir [51]. Beton malzemesi ve doğal olarak betonarme elemanlar, küçük yüklemeler dışında doğrusal davranış sergilemeyen elemanlardır. Doğrusal olmayan bir analiz, yükün adım adım etkitilip, her adımın kendinden bir önceki adımın sonuçlarını temel alarak analize devam edilmesiyle gerçekleştirilir. Bu sayede analiz edilen elemanın başlangıcından göçmesine kadar yük-şekil değiştirme grafiği çizilebilir. Analiz edilen elemanın artan yükleme etkisi altındaki davranışının gerçeğe en yakın olarak elde edilmesi için doğrusal olmayan çözümleme tercih edilmiştir [52-56]. Program kullanılarak monotonik yükleme etkisi altındaki FRP ile güçlendirilmiş betonarme kirişlerin analizine yönelik bir örnekleme yapılması amaçlanmıştır. ANSYS programında çözümlerin elde edilmesi üç aşamada gerçekleşir. Bu aşamalar, (i) önişleme (ii) işleme (iii) son işleme aşamalarıdır. Ön işleme aşamasında çözüm esnasında gerekli olan verilerin oluşturulması söz konusudur. Bu aşamada program kullanıcısı koordinat sisteminin seçimi, eleman tipinin belirlenmesi, malzeme sabitlerinin ve özelliklerinin belirlenmesi, katı modelin oluşturulması, sınır şartlarının belirlenmesi, yükleme tipinin belirlenmesi ve sonlu elemanlara ayrılması işlemlerini yapar. Daha sonra çözüm aşamasına geçilir. Bu aşamada kullanıcı, sınır şartlarının belirlenmesi, yükleme tipinin belirlenmesi ve sonlu elemanlara ayrılması işlemlerini yapar. Analiz tipini, analiz opsiyonlarını, yükleme durumlarını ve sonlu eleman çözüm tekniğini belirler ve problemi çözdürür. Son aşamada, sonuçların görüntülenmesi gerçekleştirilir. Yer değiştirmelerin belirlenmesi, eleman kuvvet ve momentlerin izlenmesi, yer değiştirme çizimleri, gerilme kontur diyagramlarına ulaşılabilir.

3.2.2 Sonlu Elemanlar Yöntemi

Sonlu elemanlar yöntemi, farklı mühendislik disiplinlerinde gerilme analizi gibi özel analizler gerektiren mühendislik problemlerinin çözümünde kullanılan nümerik bir yöntemdir. Gerilme analizindeki sürekli, süreksiz, doğrusal veya doğrusal olmayan problemler, ısı transferi, sıvı akışı ve elektro manyetizma problemleri Sonlu elemanlar yöntemi ile incelenebilir ve çözümlenebilir. Kullanım alanları arasında; statik ve dinamik yapı analizleri, statik ve dinamik diğer analizler, termal analizler, elektromanyetik alan analizleri, akışkanlar mekaniği analizleri, akustik, optimizasyon, yapı burkulma analizleri ve nonlineer yapı analizleri sayılabilir.

Karmaşık problemlere doğrudan yaklaşmanın zor olduğu ya da doğrudan yaklaşımla çözümün daha zorlaştığı durumlarda ana problemi daha kolay anlaşılabilen alt problemlere ayırmak ve bu alt problemlerin çözümünden orijinal problemin çözümünün elde etmek çoklukla kullanılan bir yöntemdir. Problemin çözümünde, iyi tanımlanmış sonlu sayıda eleman kullanarak yeterli bir model elde edilir. Bu tür problemler sonlu olarak adlandırılır. Bazı problemler matematiksel sonsuz küçük kurgusuyla tanımlanabilir. Bu tanım diferansiyel denklemlere veya sonsuz sayıda eleman kullanımına götürür. Bu sistemler sürekli olarak vasıflandırılır. Gerçekte elastik sürekli ortamda elemanlar arası bağlantı noktalarının sayısı sonsuzdur. Sonlu elemanlar yöntemiyle bu sonsuz sayıdaki bağlantı sonlu bir sayıya indirgenir. Cisim sanki sadece bu noktalardan birbiriyle bağlıymış gibi düşünülür. Sonlu sayıda bu bağlantı noktaları ne kadar çoğaltılırsa bu yöntemle yapılan çözümdeki hata oranı o kadar küçülür. Diğer taraftan bu sayının çok fazla artması da sayısal çözümlemede büyük zorluk getirir. Yöntemin üç temel niteliği vardır: İlk olarak, geometrik olarak karmaşık olan çözüm bölgesini sonlu elemanlar olarak basit alt bölgelere ayırır. İkincisi her elemandaki sürekli fonksiyonlar, cebirsel polinomların lineer kombinasyonu olarak tanımlanabileceği kabul edilir. Üçüncü kabul ise, aranan değerlerin her eleman içindeki sürekli olan tanım denkleminin derecesine ve çözüm yapılacak elemandaki düğüm sayısına bağlıdır.

Sonlu eleman yönteminin önemli özelliği, tüm problemi temsil etmek üzere elemanları bir araya koymadan önce, her bir elemanın ayrı formüle edilebilmesidir. Eğer bir gerilme analizi problemi ile uğraşıyorsak her bir elemana etki eden dış kuvvetler ile elemanın düğüm noktalarının, yer değiştirme bağıntıları bulunduğunda tüm sistem çözülmüş olur. Bu şekilde karmaşık bir problem oldukça basit bir probleme dönüşür [57].

3.2.3 ANSYS® WB ile Beton ve Betonarme Modeli

Ansys sonlu elemanlar programı beton malzemesinde, çok eksenli gerilme durumu için William-Warnke tarafından geliştirilmiş olan kırılma modelini kullanmaktadır. Bu kriter aşağıdaki eşitlikle ifade edilir [58].

$$\frac{F}{f_c} - S \geq 0 \qquad (3.1)$$

Bu eşitlikte F asal gerilme durumunun bir fonksiyonunu, S beton gerilme çizelgesindeki beş parametre asal gerilme terimleriyle ifade edilen kırılma yüzeyini ve f_c ise tek eksenli basınç dayanımını temsil etmektedir. Söz konusu parametreler; tek eksenli çekme dayanımı, tek eksenli basınç dayanımı, iki eksenli basınç dayanımı, açık ve kapalı çatlaklar için kesme transfer katsayısıdır. Eğer Dnk. 3.1 sağlanamaz ise, ezilme ve çatlama meydana gelmeyecektir. Bunların dışında malzeme ya ezilecektir, ya da çatlayacaktır. Eğer bütün gerilmeler basınç ise ezilme meydana gelir. Ancak asal gerilmelerden herhangi biri çekme ise malzeme çatlayacaktır. Kırılma yüzeyini ve ortamdaki hidrostatik gerilme durumunu tanımlamak için toplam beş dayanım parametresine ihtiyaç vardır. Bu parametreler malzeme çizelgesinde verilmelidir.

Çelik, betondan daha kolay ve gerçeğe yakın tanımlanabilir homojen ve izotrop bir malzemedir. Özellikleri beton gibi çevre koşullarına ve zamana bağlı değildir. Donatı çeliğinin gerilme-şekil değiştirme ilişkisi başlangıçta doğrusal elastiktir. Bu bölgede şekil değiştirmeler yükleme kaldırılınca geri döner. Bu elastiklik durumu orantılılık sınırına kadar, doğrusallıkta akma noktasına kadar devam etmektedir. Orantılılık sınırından sonra plastik şekil değiştirmeler oluşmaya başlar. Orantılılık sınırı ile akma noktası arasında fark çok küçüktür. Bu nedenle birleştirilip tek bir nokta olarak ele alınmıştır. Gerçekte akma noktasından sonra bir akma platosu ve onu takip eden bir pekleşme bölgesi bulunurken araştırmacılar modellemelerde çeliğin bu davranışını idealize ederek kullanırlar. Bu çalışmada akmadan sonraki dayanım artımı ihmal edilmiş, çelik malzemesi Von Mises akma kriterini esas alan elastik-tam plastik (iki doğrulu izotropik pekleşmeli) olarak tanımlanmıştır.

3.2.3.1 Von – Mises Kriteri (Eşdeğer Gerilme Kriteri)

Bu teoriyi Von- Mises, Huber ve Hencky geliştirmiştir.

Eşdeğer gerilme, Dnk. 3.2 ile asal gerilmeler cinsinden ifade edilebilir:

$$\sigma_e = \left[\frac{(\sigma_1 - \sigma_2)^2 + (\sigma_2 - \sigma_3)^2 + (\sigma_3 - \sigma_1)^2}{2} \right]^{1/2} \qquad (3.2)$$

Eşdeğer gerilme (von-mises gerilmesi olarak ta adlandırılır) sık sık tasarımda kullanılır, çünkü, tek bir pozitif gerilme değeri ile herhangi keyfi üç boyutlu gerilme durumu ifade edilebilir. Eşdeğer gerilme, kırılma teorisinin sünek malzemenin akma noktasını öngörmede kullanıldığı maksimum eşdeğer gerilmenin bir parçasıdır.

Von Mises veya eşdeğer şekil değiştirme ise,

$$\varepsilon_e = \frac{1}{1+\nu'}\left(\frac{1}{2}\left[(\varepsilon_1 - \varepsilon_2)^2 + (\varepsilon_2 - \varepsilon_3)^2 + (\varepsilon_3 - \varepsilon_1)^2\right]\right)^{1/2} \quad (3.3)$$

Burada, ν' Efektif poisson oranıdır. Malzeme poisson oranı, elastik şekil değiştirme için hesaplanan değerdir ve plastik şekil değiştirme için 0.5 alınmalıdır.

3.2.3.2 Newton – Raphson Yöntemi

ANSYS sonlu elemanlar programı, lineer olmayan davranış için Newton-Raphson yöntemini kullanmaktadır. Lineer olmayan bir denklemin çözümü için iki ana yaklaşım söz konusudur; kapalı yöntemler ve açık yöntemler. Kapalı yöntemlere örnek olarak ikiye bölme, yer değiştirme, artırmalı aramalar gibi yöntemler sayılabilir. Bu yöntemlerde, kökü içeren veya diğer noktalardan ayıran bir aralığın tahmin edilmesi ile çözüme başlanır ve bu aralık sistematik olarak küçültülür. Kapalı yöntemler, fonksiyonların kökleri civarında fonksiyonun işaret değiştirmeleri gerçeğini çözüm için bir kural olarak kullanırlar. Kökün ilk tahmini için iki adet değere ihtiyaç duyulur. İlk tahmin değerleri kökü kıskaca almalı ve aranılan kökün farklı taraflarında bulunmalıdır ki, iterasyon ilerledikçe köke yaklaşılsın. Açık yöntemler ise, sistematik deneme yanılma iterasyonlarını içerir, ancak ilk tahmin edilen değerin kökü içeren bir aralıkta olması gerekmez. Bu yöntemler genellikle hesaplama açısından kapalı yöntemlere göre daha etkilidir ancak her zaman yakınsamazlar. Newton-Raphson Metodu bu yaklaşıma örnek olarak verilebilir.

3.3 Yapıştırıcının Sonlu Eleman Analizlerindeki Davranış Esasları

Yapıştırıcının lineer-elastik, nonlineer-elastik veya nonlineer-inelastik kayma gerilmesi-kayma açısı davranışı Şekil 3.12'de gösterilen kurucu ilkeler kullanılarak elde edilir.

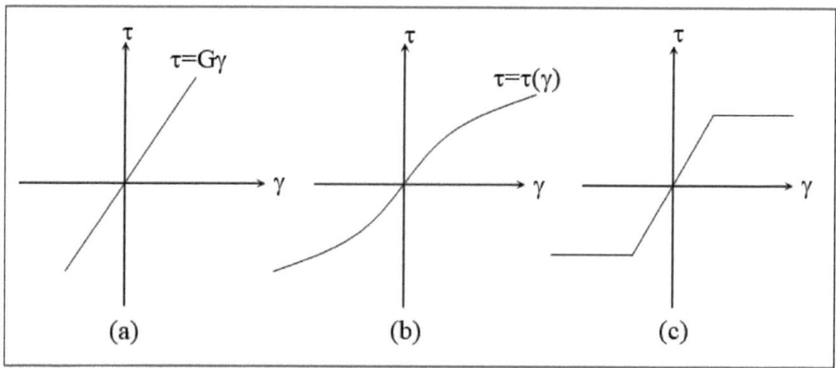

Şekil 3.12 Kayma gerilmesi-kayma açısı ilişkisi (a) lineer elastik (b) doğrusal olmayan elastik (c) lineer-elastik-ideal plastik (elasto-plastik)

Yapıştırıcının düşey normal gerilme-deformasyon davranışının lineer ve elastik olarak alındığı esas bağıntı aşağıda belirtilen denklemle ifade edilir :

$$\sigma = E \cdot \varepsilon \tag{3.4}$$

Burada, *E*=düşey yönde yapıştırıcının elastisite modülüdür. Doğrusal elastik durum için, kayma gerilmesi,

$$\tau = G \cdot \gamma \tag{3.5}$$

olarak ifade edilir. Burada, *G*=yapıştırıcının elastik kayma modülüdür (Şekil 3.12a). Doğrusal olmayan-elastik kurucu modelinde, gerilme ve şekil değiştirme arasındaki ilişki anlık olarak belirlenir. Böylece, şekil değiştirme verildiğinde gerilme, gerilme verildiğinde ise şekil değiştirme elde edilir [59]. Ek olarak, söz konusu gerilme-şekil değiştirme eğrisi, yükleme ve boşaltma için kullanılır (Şekil 3.12b). Bu kural genellikle,

$$\gamma = \gamma(\tau) \tag{3.6}$$

$$\tau = \tau(\gamma) \tag{3.7}$$

şeklinde verilir.

Lineer-elastik-ideal plastik (elasto-plastik) idealizasyonu ise Şekil 3.12c'de verilmektedir. Şekilde görülen τ_p, yapıştırıcının plastik kayma gerilmesidir.

3.4 Test Kirişleri Eğilme Kapasitelerinin Teorik Olarak Belirlenmesi

Kiriş, döşeme ve kolon gibi betonarme elemanları, çekme bölgelerine, yüksek çekme gerilmesine dirençli FRP'lerin epoksi reçineyle yapıştırılması sonucu güçlendirilebilir. Uygulanan yük neticesinde, esas olarak iki sınır durumu meydana gelecektir: (a) nihai taşıma gücü durumu (ULS), (b) kullanılabilirlik sınır durumu (SLS). Nihai taşıma gücü durumu'nda (ULS) beton ezilmesi ve donatı akması söz konusu iken, kullanılabilirlik sınır durumu'nda (SLS), kiriş çekme bölgesinde çatlaklar oluşacaktır. Deneye tâbi tutulacak betonarme kiriş elemanlarının taşıma kapasitesini nümerik olarak belirlemek için *FRP-Analysis* programı kullanılmıştır [60]. Eğilme analizleri, betonarme kiriş ve FRP ile güçlendirilmiş kirişlerin eğilme kapasitesini belirlemek için yapılmıştır. Güçlendirilmiş kirşlerin eğilme kapasitesi, göçme biçimlerine bağlı olarak değişmektedir. Göçme biçimleri (a) donatı akmasından önce beton ezilmesi (beton ezilme göçmesi) (b) çekme tarafındaki donatı akmasını, FRP kopmasının takip ettiği göçme biçimi (FRP kopması) (c) beton çekme yüzündeki akmayı, beton ezilmesinin takip ettiği göçme biçimi (basınç göçmesi) olarak ortaya çıkmaktadır. Analizlerde, FRP ve donatının gerilme-deformasyon ilişkisi, sırasıyla, lineer elastik ve elastik ideal plastik olarak dikkate alınmıştır. FRP ve beton arasında tam kompozit hareketi olduğu kabul edilmiştir. Programa beton, donatı ve FRP malzeme özellikleri girilip sonuçlar incelendiğinde, basınç bölgesindeki betonun ezildiği ve FRP'nin ayrıştığı durumun ortaya çıktığı belirlenmiştir.

Şekil 3.13'te görüleceği üzere, program arayüzünde, kesit tipi (rectangular beam), kesit ebatları (b, h), donatı alanları (A_s) ve konumları (d), beton dayanım sınıfı, karakteristik donatı mukavemeti (f_{yk}), FRP elastisite modülü (E_f) ve maksimum şekil değiştirme miktarı ($\varepsilon_{f,lim}$), FRP'siz durumda zâti ağırlık nedeniyle oluşan moment (M_o), karşılanması istenen tasarım moment değeri (M_{sd}) ve uygulanan moment ($M_{ser,r}$) değerlerinin girilmesi gerekmektedir. Değerler girildikten sonra analiz yapılarak sonuçlar elde edilir.

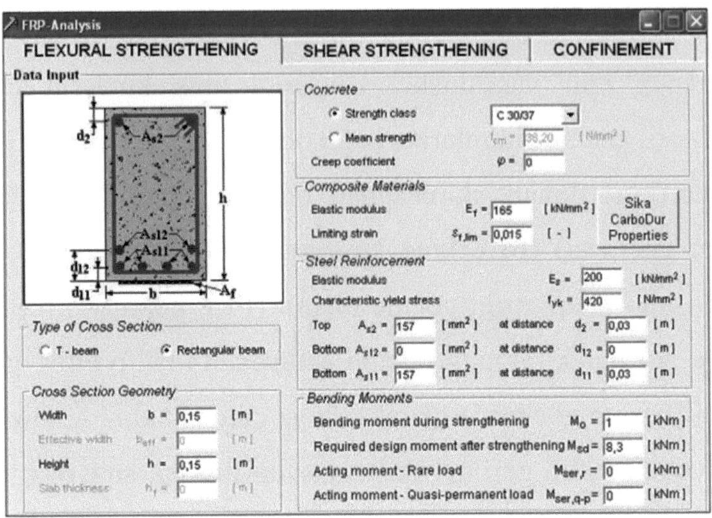

Şekil 3.13 FRP-Analysis programı arayüz ekranı

Programın teorik esasları irdelenmiş ve betonarme kesitler için kullanılan eşdeğer basınç bloğu yaklaşımı kullanılarak, çekme ve basınç bölgesindeki kuvvetlerin eşitlenmesiyle momentin belirlenmesi esasına dayandığı anlaşılmıştır (Şekil 3.14).

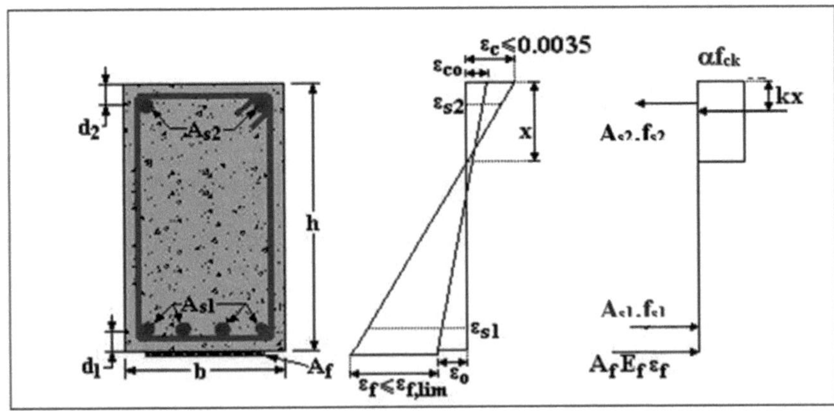

Şekil 3.14 FRP-Analysis programında kullanılan gerilme bloğu yaklaşımı

FRP ile güçlendirilen betonarme bir kirişte, Şekil 3.15'ten görüleceği üzere, iç kuvvetler dengesi :

$$\alpha \cdot f_{ck} \cdot b \cdot x + A_{s2} \cdot f_{s2} = A_{s1} \cdot f_{s2} + A_f \cdot E_f \cdot \varepsilon_f \qquad (3.8)$$

olarak ifade edilir.

Dnk. 3.8'in solundaki ifade, beton kuvveti ve basınç bölgesindeki donatı dayanımı iken, sağındaki ifade çekme bölgesindeki donatı ve FRP etkisidir.

Güçlendirilen kirişin moment Kapasitesi,

$$M_{rd} = A_{s1} \cdot f_{s1}(h - d_1 - k \cdot x) + A_{s2} \cdot f_{s2}(k \cdot x - d_2) + A_f \cdot E_f \cdot \varepsilon_f(h - k \cdot x) \qquad (3.9)$$

olacaktır.

FRP'li betonarme kirişin analiziyle elde edilen sonuçlar, örnek bir kiriş malzeme değerleri denklemlere yazılarak, program sonuçlarının doğruluğu kontrol edilecektir. Kullanılacak formüller ve katsayılar *Eurocode2* Standardından alınmıştır [61]. FRP- Analysis programındaki değerler yerine yazılacak olursa, analiz sonucu FRP'li betonarme kirişin moment kapasitesi elde edilir (Şekil 3.15).

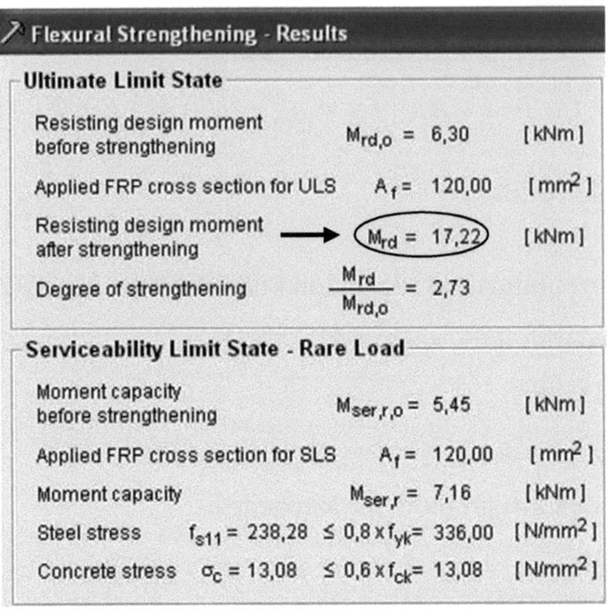

Şekil 3.15 Analiz sonucu elde edilen değerler

Kirişin taşıma gücü momenti, tasarım momentinin şartnamedeki katsayıya bölünmesiyle elde edilir :

$$M_r = \frac{M_{rd}}{0{,}9} = \frac{17{,}22}{0{,}9} = 19{,}13\,kNm \quad \text{elde edilir.}$$

3.5 FRP ile Güçlendirilmiş Betonarme Kirişlerin Moment-Eğrilik Davranışı

Eğilme momenti veya eğilmeye ek olarak eksenel kuvvetin etkisindeki betonarme bir kesitin davranışı moment-eğrilik ilişkisinden izlenebilir. Eğrilik, birim boydaki dönme açısıdır ve kesitteki şekil değiştirmeyi simgeleyen geometrik bir parametredir. Eğrilik, iki kesit arasındaki dönme açısından veya kesitteki birim şekil değiştirmelerden hesaplanabilir [62].

$$K = \frac{d\varphi}{dx} = \frac{d^2 y}{dx^2} = \frac{1}{\rho} \tag{3.10}$$

$$\phi = \frac{\varepsilon_i}{y_i} \tag{3.11}$$

Dnk. 3.11'deki bağıntı, şekil değiştirmiş eleman parçasının geometrisinden düzlem kesitlerin eğilmeden sonra da düzlem kalacağı varsayımından elde edilmiştir. Bağıntılarda, ρ eğrilik yarıçapı, K eğrilik, ε_i birim şekil değiştirme ve y_i tarafsız eksenden uzaklığıdır. Eğriliğin hesabında genelde Dnk. 3.10 bağıntısından yararlanılır [63]. Moment-eğrilik ilişkisi, çelik ve betonun gerilme-şekil değiştirme (σ_c- ε_c) eğrileri için uygun modeller seçildikten sonra, yazılacak denge ve yeterli sayıda uygunluk denkleminden hesaplanır.

Deneylerden elde edilen verilerden yararlanarak beton ve çelik için geliştirilmiş olan basitleştirilmiş σ-ε eğrileri kullanılarak, moment-eğrilik ilişkisinin analitik olarak elde edilmesi yoluna gidilmiştir. Bu tür bir analitik yaklaşımla elde edilecek moment-eğrilik ilişkisinin doğruluğu, kullanılan malzeme modellerinin ne denli gerçekçi olduğuna bağlıdır [62].

Deneysel çalışmada kullanılan kirişlerin moment-eğrilik davranışlarını belirlemek için geliştirilen bilgisayar programına [64], FRP ve yapıştırıcı modülleri eklenerek *moment-eğrilik* ilişkileri belirlenecektir. Analizler, kesitin her iki ekseni için, birbirinden bağımsız olarak yapılmakta ve farklı beton birim kısalma değerleri için hesaplanan tarafsız eksen mesafesine göre eğilme momentleri elde edilmektedir. Moment-eğrilik analizlerinde, dokuz noktada ele alınan beton birim kısalmasından elde edilen eğilme momentlerine karşılık gelen sekiz aralıkta, eğride meydana gelen eğim değişimleri incelenebilmektedir.

3.5.1 Geliştirilen Programda Yapılan Kabuller

i. Eğrilik yalnız eğilme momentinin fonksiyonudur.
ii. Yöntem kuvvet esaslı olup, kesite etkiyen eksenel kuvvet altında, uç momentleri beton birim kısalması ε_c=0.00025 için elde edilen eğilme momenti değerine kadar brüt kesitin (çatlamamış) eğilme rijitliğine sahiptir. Bu değer aşıldıktan sonra eğilme rijitlikleri kademeli olarak azalmaya başlamaktadır.

iii. Moment-eğrilik analizlerinde azami taşıma gücü moment-eğrilik grafiklerinin tepe noktası olarak alınmış ve bu noktadan sonra taşıma gücündeki azalmalar ve dolayısıyla eğilme rijitliğindeki ters eğim göz önüne alınmamıştır. Betonarme kesitlerin asgari eğilme rijitliği olarak tepe noktasına bağlanan doğrunun eğimi alınmıştır.

iv. Eksenel rijitlikteki (*EA*) değişim ihmal edilerek eksenel rijitlik sabit alınmıştır.

Analizlerde, sargılı kesitler için Kent ve Park tarafından geliştirilen beton modeli esas alınmıştır.

3.5.2 Geliştirilmiş Kent ve Park Sargılı Beton Modeli

Bu model, Roy ve Sözen (1964) tarafından sargılı beton için önerilen σ-ε ilişkisinden esinlenerek geliştirilmiştir. Şekil 3.16'da gösterildiği gibi, sargılı ve sargısız beton için iki ayrı σ-ε eğrisi önerilmektedir. Sargı nedeni ile beton dayanımının f_c'den başlayarak f_{cc}'ye, maksimum gerilmeye karşılık gelen birim kısalmanın ise ε_{co}'dan ε_{coc}'ye yükseldiği varsayılmaktadır. Gerek sargılı, gerekse sargısız beton için önerilen eğrilerin ilk bölümleri, Hognestad modelindeki gibi ikinci derece parabol varsayılmıştır. Eğrilerin gerilme azalmasını gösteren ikinci bölümleri ise eğimi eksi olan düz çizgilerle gösterilmiştir. Sargılı betonun eğimi, sargısız betona oranla daha küçüktür. Sargısız betonda maksimum birim kısalma ε_{cu} iken, sargılı betonda böyle bir sınır yoktur. Sargısız beton için $\varepsilon_{cu} = \varepsilon_{50u}$ veya daha basit olarak ε_{cu} =0.004 alınabilir. Kent ve Park, çekirdeğin boyutlarını, etriye dışından etriye dışına ölçülen uzunluklarla tanımlamaktadır [62].

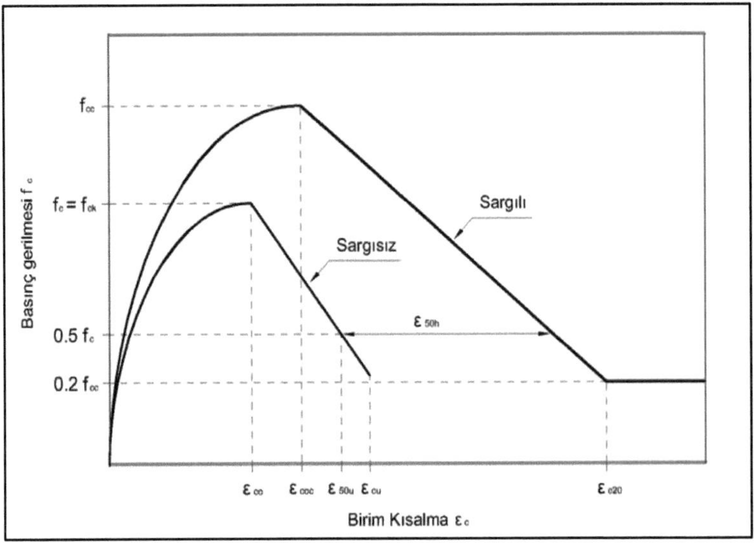

Şekil 3.16 Geliştirilmiş Kent ve Park beton modeli [64]

Sargılı betona ait azami basınç gerilmesini ifade eden f_{cc} ve birim kısalma ε_{coc},

$$\begin{aligned} f_{cc} &= K f_c \\ \varepsilon_{coc} &= K \varepsilon_{co} \end{aligned} \qquad (3.12)$$

eşitliğinden bulur. Burada K, sargı donatısının hacimsel oranı ile akma dayanımına ve karakteristik beton basınç dayanımına bağlı bir katsayıdır. ε_{co}, normal dayanımlı betonlar için yaklaşık 0.002 alınabilir.

$$K = 1 + \frac{\rho_s f_{ywk}}{f_c}$$
$$\rho_s = \frac{A_o \cdot l_s}{s \cdot b_k \cdot h_k} \qquad (3.13)$$

Dnk. 3.13'te verilen eşitlikte, ρ_s, sargı donatısının hacimsel oranıdır. f_{ywk} ise sargı donatısının minumum akma dayanımını ifade etmektedir. Betonarme kesitin malzeme özellikleri ve donatı düzenine göre f_{cc} ve ε_{coc} bulunduktan sonra, grafiğin birinci kısmını oluşturan parabolik eğri,

$$\sigma_c = f_{cc}\left[\frac{2\varepsilon_c}{\varepsilon_{coc}} - \left(\frac{\varepsilon_c}{\varepsilon_{coc}}\right)^2\right] \qquad (3.14)$$

denkleminden elde edilir. Gerilmelerin azaldığı bölümü ifade eden eğrinin ikinci kısmı, doğrusal kısım ise,

$$\sigma_c = f_{cc}\left[1 - Z_c(\varepsilon_c - \varepsilon_{coc})\right] \geq 0.2 f_{cc} \qquad (3.15)$$

bağıntısından elde edilir. Burada yer alan Z_c ifadesi, sargılı betonun σ-ε eğrisindeki doğrusal bölümün boyutsuz eğimidir (eğim / f_{cc}). Birimler, kgf/cm^2 dir.

$$Z_c = \frac{0.5}{\varepsilon_{50u} + \varepsilon_{50h} - \varepsilon_{coc}}$$

$$\varepsilon_{50u} = \frac{3 + 0.285 f_c}{142 f_c - 1000} \geq \varepsilon_{co} \tag{3.16}$$

$$\varepsilon_{50h} = 0.75 \rho_s \left(\frac{b_k}{s} \right)^{1/2}$$

3.5.2.1 Kabuller

i. Sargılı beton modeli tüm kesit için kullanılmıştır. Çekirdek betonu dışında kalan bölgede sargısız beton davranışı ihmal edilmiştir.

ii. Çelik donatı modelinde pekleşme davranışı göz önüne alınmamıştır.

iii. Kesit düzlemi şekil değiştirmeden sonra da düzlem kalmaktadır. Böylece, birim kısalma ile birim uzama miktarları arasında doğrusal ilişki vardır ve kesit yüksekliği boyunca değişim doğrusaldır.

Eğilme etkisi altındaki kesitin basınç bölgesinde oluşan gerilme dağılımı basitleştirilerek, eşdeğer dikdörtgen beton basınç bloğu kabulü yapılmış ve basınç bloğu için Hognestad tarafından önerilen değerler kullanılmıştır (Tablo 3.6). Beton birim kısalması için ε_c değeri 0.00025 ila 0.004 aralığında dokuz noktada ele alınmıştır. Her beton birim kısalması için elde edilen moment-eğrilik ilişkisini belirleyen noktalar arasındaki çizgiler doğrusaldır. Daha hassas hesaplama yapmak için seçilen beton birim kısalmaları ara değerlere bölünerek analiz yapılabilir.

Tablo 3.6 Hognestad eşdeğer dikdörtgen dağılımı katsayıları

ε_{ci}	0.00025	0.0005	0.0010	0.0015	0.0020	0.0025	0.0030	0.0035	0.0040
β	0.674	0.682	0.700	0.722	0.750	0.781	0.820	0.845	0.874
α	0.178	0.336	0.595	0.779	0.889	0.931	0.930	0.920	0.910

4. Bulgular

4.1 Genel

Deneysel program kapsamında, deney numunelerinin hazırlanması, deneyin gerçekleştirilmesi ve ANSYS® sonlu elemanlar analizlerinde kullanılacak teorik esaslar Bölüm 3'te açıklanmıştır. Bu bölümde, ilk olarak, gerçekleştirilen deneyler sonrasında elde edilen yük taşıma kapasiteleri, sehim değerleri, yük-yer değiştirme grafikleri verilecek ve böylece, grafikler yardımıyla betonarme kirişin akma bölgesi, nihai taşıma kapasitesi görülecektir. Deney sonrasında betonarme kirişlerde oluşan eğilme ve kesme çatlakları ile FRP şeridin uç bölgelerinde betondan ayrışması her bir numune için gösterilecektir. Deneyde kullanılan betonarme kirişlerin ANSYS'te modellenmesi ve analizi sonucunda elde edilecek değerler, deney sonuçlarıyla mukayese edilerek, uyumluluğu irdelenecektir. Deney sonuçlarıyla sonlu eleman analiz sonuçları arasında bir korelasyon kurularak, ANSYS'ten elde edilen kayma gerilmeleri ve normal gerilmeler, yapıştırıcının gerilme aktarımının doğrusal olmadığı duruma göre çeşitli parametreler göz önüne alınarak grafiksel olarak karşılaştırılacaktır. *FRP-Analysis* programı kullanılarak yük taşıma kapasiteleri belirlenecek, böylece, deneylerden elde edilen sonuçlarla mukâyese imkanı sağlanacaktır. Son kısımda, mevcut geliştirilen programa, FRP ve yapıştırıcı modülleri eklenerek, gerçekleştirilen analizler sonucunda, FRP'li betonarme kirişlerin moment-eğrilik ilişkileri belirlenecektir.

4.2 Deneyler

Deneyler gerçekleştirilirken, kirişteki sehim, yüke bağlı olarak, eğilme test programı arayüz ekranından takip edilmiş ve yük-sehim eğrileri program üzerinden elde edilmiştir (Şekil 4.1). Deneye tâbi tutulan modellerin, deney sonucunda elde edilen taşıma gücü ve kiriş ortası sehim değerleri Tablo 4.1'de, deney elemanları arasındaki dayanım ve sehim oranları Tablo 4.2'de ve P-δ eğrileri Şekil 4.2- Şekil 4.16'da verilmiştir.

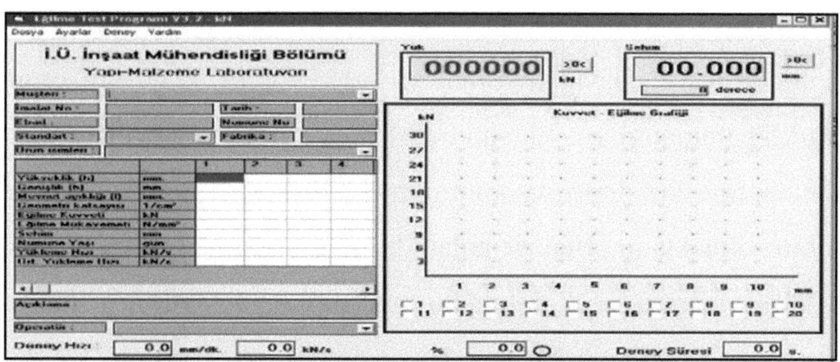

Şekil 4.1 Eğilme test programı arayüz ekranı

Tablo 4.1 Deneysel çalışma sonucu elde edilen maksimum yük ve sehim değerleri

*Deney Elemanı	Yük kapasitesi (kN)	Maksimum Sehim, δ (mm)	Göçme modu	P (kN) (FRP-Analysis)
B01	191.6	2.83	FRP ayrışması	191.3
B02	194.1	2.77	eğilme	191.3
B03	197.2	2.65	eğilme	191.3
B04	194.0	2.67	FRP ayrışması	191.3
B05	194.4	2.74	eğilme	191.3
B06	197.2	2.56	eğilme	191.3
B07	211.0	2.38	eğilme	211.5
B08	206.9	2.59	eğilme	211.5
B09	199.7	2.51	eğilme	191.3
B10	191.6	2.71	eğilme	191.3
B11	174.0	2.75	eğilme	169.1
B12	179.6	2.94	eğilme	169.1
B13	203.1	2.39	FRP ayrışması	211.5
B14	207.2	2.44	eğilme	211.5
**B15	62.4	5.16	eğilme	70.0

* FRP uygulandığında, kirişe etkiyen yük bulunmamaktadır. **kontrol kirişi

Değişik parametrelerin dikkate alındığı FRP'li betonarme kirişlerin performanslarını karşılaştırmak için iki kriter kullanılmıştır: Dayanım oranı ve sehim oranı. Dayanım oranı, farklı parametrelerin etkisini belirlemek için güçlendirilen FRP'li betonarme kirişlerin dayanımının, kontrol kirişinin dayanımına oranı olmaktadır. Benzer anlamda, sehim oranı ise, söz konusu FRP'li betonarme kirişlerdeki maksimum sehimlerin, kontrol kirişinin sehimine oranı anlamına gelmektedir (Tablo 4.2).

Tablo 4.2 Deney elemanlarının dayanım ve sehim değerlerine göre karşılaştırılması

Yapıştırıcı kalınlığı			Beton yüzeyi durumu			Yapıştırıcı türü		
*Deney Elemanı	Dayanım oranı	Sehim oranı	**Deney Elemanı	Dayanım oranı	Sehim oranı	***Deney Elemanı	Dayanım oranı	Sehim oranı
B15	1.00	1.00	B15	1.00	1.00	B15	1.00	1.00
B01	3.07	0.55	B10	3.07	0.52	B06	3.16	0.50
B02	3.11	0.53	B09	3.20	0.48	B09	3.20	0.48
B03	3.16	0.51						
B09	3.20	0.49						
*B15:kontrol kirişi B01<1, B02:1, B03:2, B09:4 (mm)			**B10: nemli, B09:kuru yüzey			***B06:Sikadur52 / B09:Sikadur30		

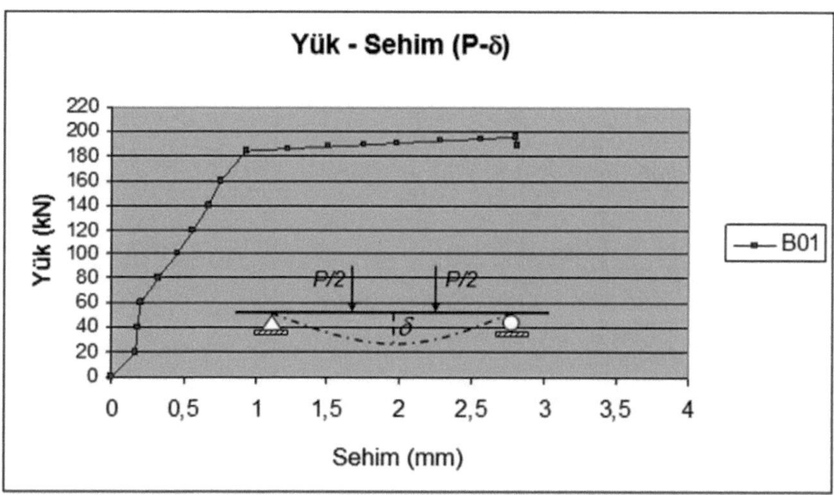

Şekil 4.2 B01 deney elemanının yük-sehim eğrisi *(t_a<1 mm, Yapıştırıcı: Sikadur 30, Beton Yüzeyi: Kuru, f_{ck}:30 MPa)*

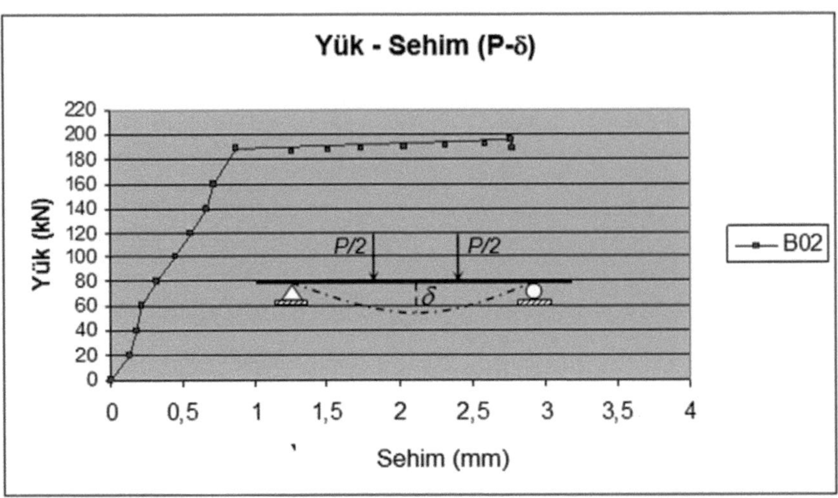

Şekil 4.3 B02 deney elemanının yük-sehim eğrisi *(t_a=1 mm, Yapıştırıcı: Sikadur 30, Beton Yüzeyi: Kuru, f_{ck}:30 MPa)*

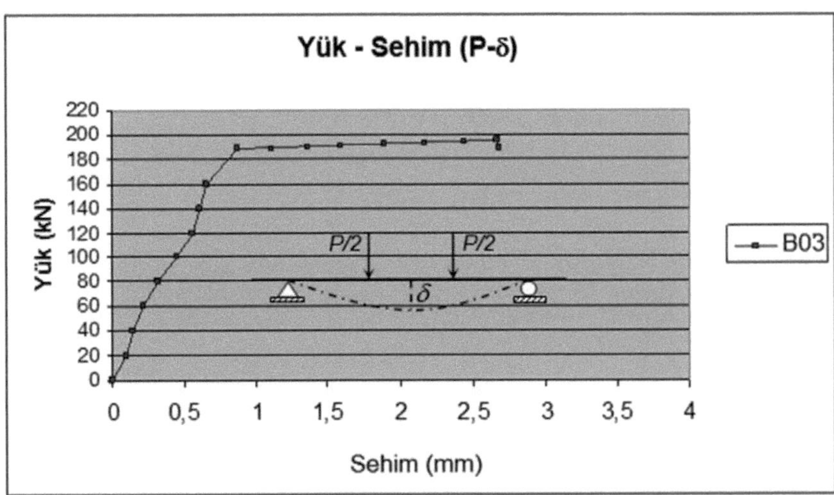

Şekil 4.4 B03 deney elemanının yük-sehim eğrisi *(t_a=2 mm, Yapıştırıcı: Sikadur 30, Beton Yüzeyi: Kuru, f_{ck}:30 MPa)*

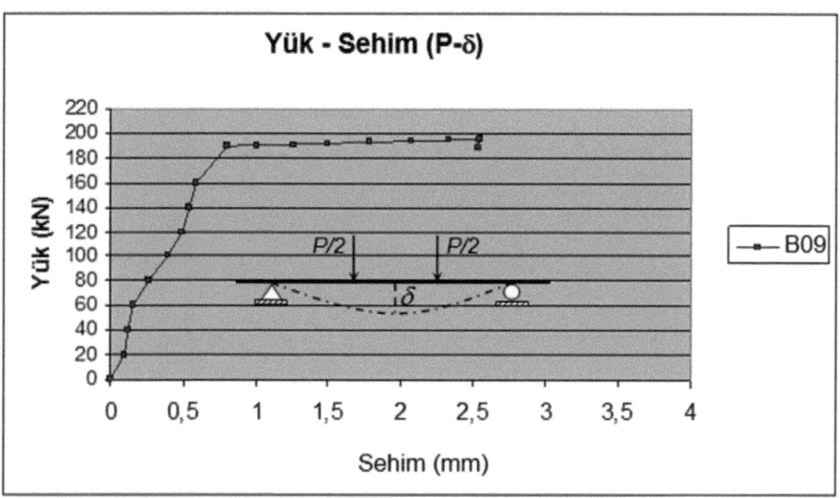

Şekil 4.5 B09 deney elemanının yük-sehim eğrisi *(t_a=4 mm, Yapıştırıcı: Sikadur 30, Beton Yüzeyi: Kuru, f_{ck}:30 MPa)*

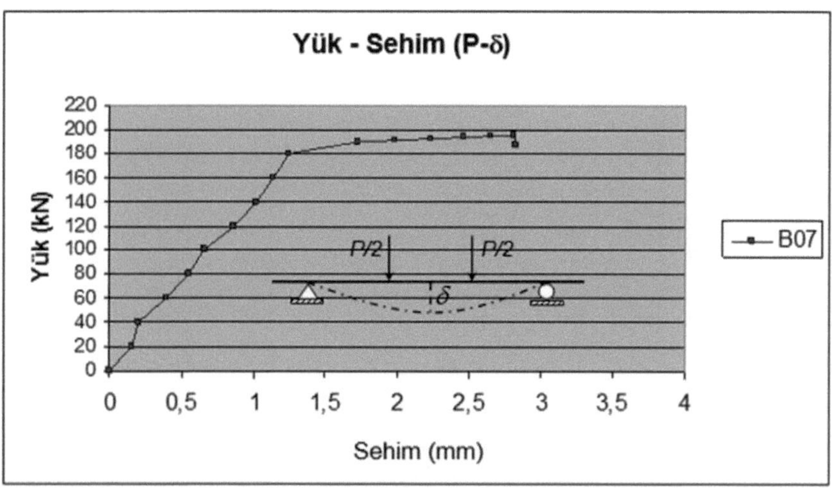

Şekil 4.6 B07 deney elemanının yük-sehim eğrisi *(t_a=4 mm, Yapıştırıcı: Sikadur 30 / Agregalı, Beton Yüzeyi: Kuru, f_{ck}:35 MPa)*

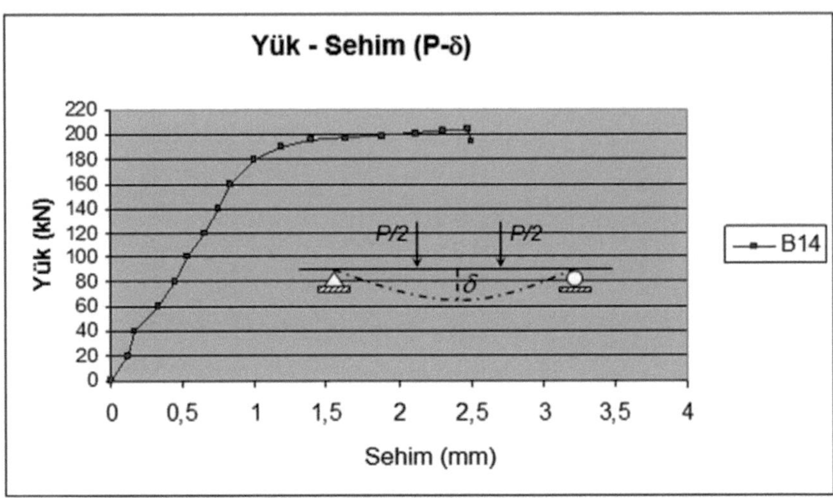

Şekil 4.7 B14 deney elemanının yük-sehim eğrisi *(t_a<1 mm, Yapıştırıcı: Sikadur 30, Beton Yüzeyi: Nemli, f_{ck}:35 MPa)*

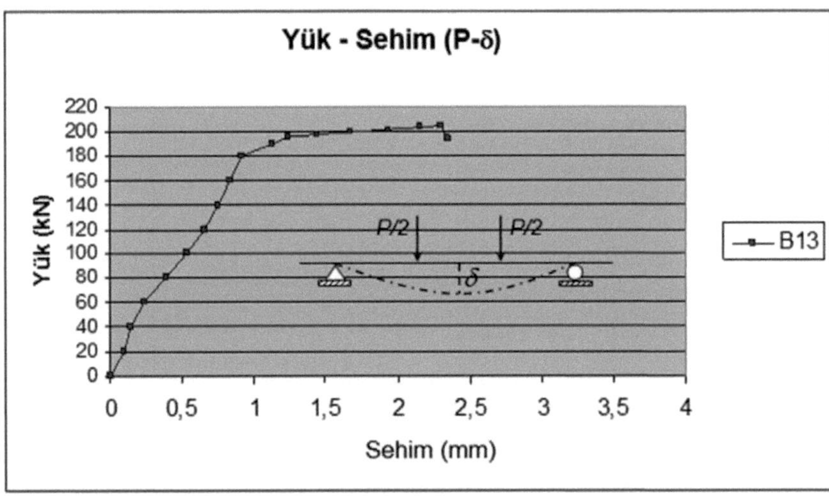

Şekil 4.8 B13 deney elemanının yük-sehim eğrisi *(t_a=1 mm, Yapıştırıcı: Sikadur 30, Beton Yüzeyi: Nemli, f_{ck}:35 MPa)*

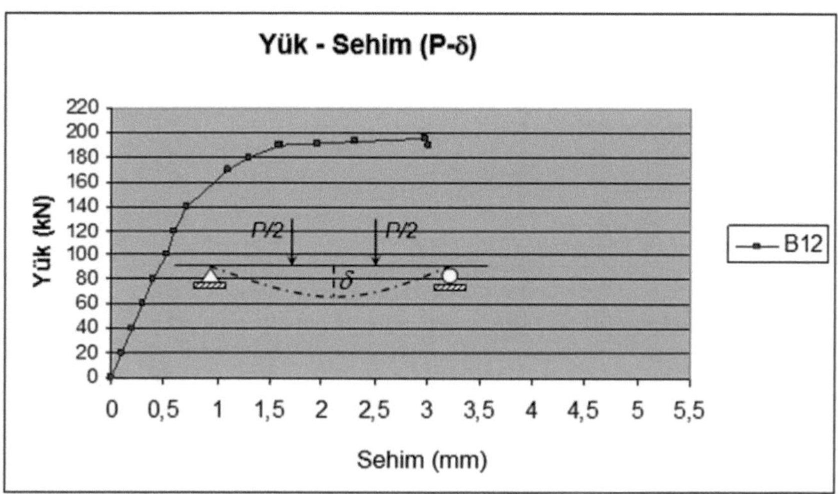

Şekil 4.9 B12 deney elemanının yük-sehim eğrisi *(t_a=2 mm, Yapıştırıcı: Sikadur 30, Beton Yüzeyi: Nemli, f_{ck}:25 MPa)*

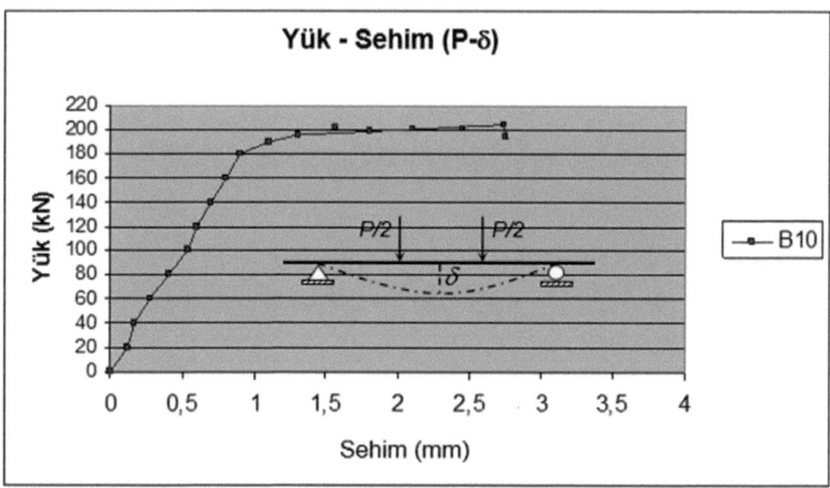

Şekil 4.10 B10 deney elemanının yük-sehim eğrisi *(t_a= 4 mm, Yapıştırıcı: Sikadur 30, Beton Yüzeyi: Nemli, f_{ck}:30 MPa)*

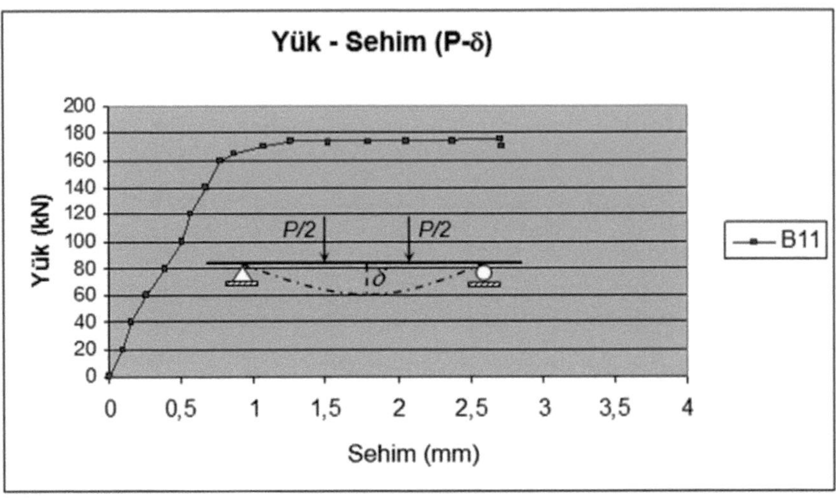

Şekil 4.11 B11 deney elemanının yük-sehim eğrisi *(t_a= 4 mm, Yapıştırıcı: Sikadur 30 /Agregalı, Beton Yüzeyi: Nemli, f_{ck}:25 MPa)*

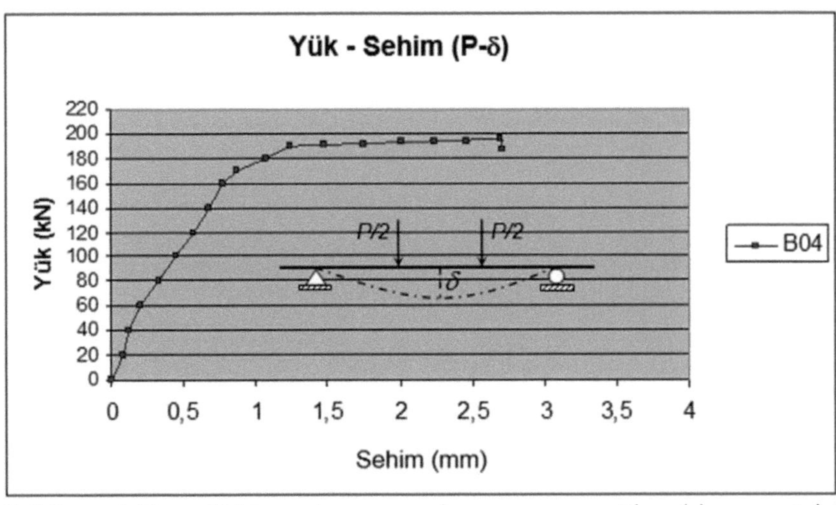

Şekil 4.12 B04 deney elemanının yük-sehim eğrisi *(t_a= 1 mm, Yapıştırıcı: Sikadur 52, Beton Yüzeyi: Kuru, f_{ck}:30 MPa)*

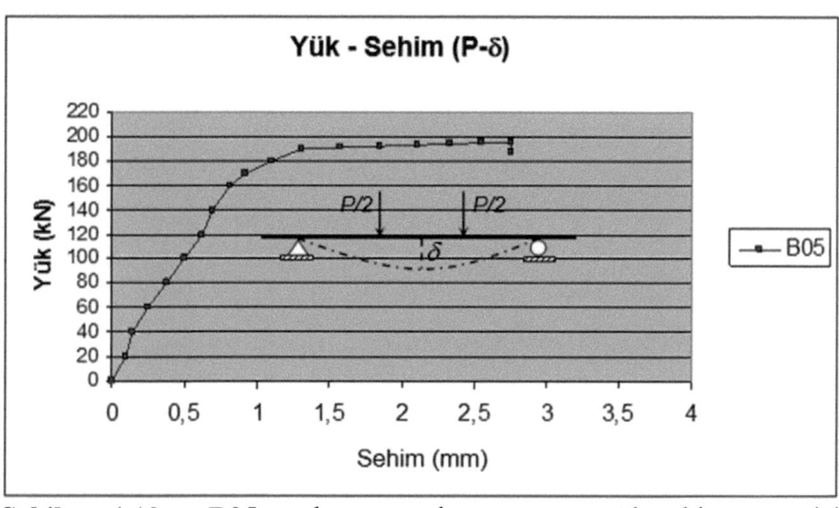

Şekil 4.13 B05 deney elemanının yük-sehim eğrisi *(t_a= 2 mm, Yapıştırıcı: Sikadur 52, Beton Yüzeyi: Kuru, f_{ck}:30 MPa)*

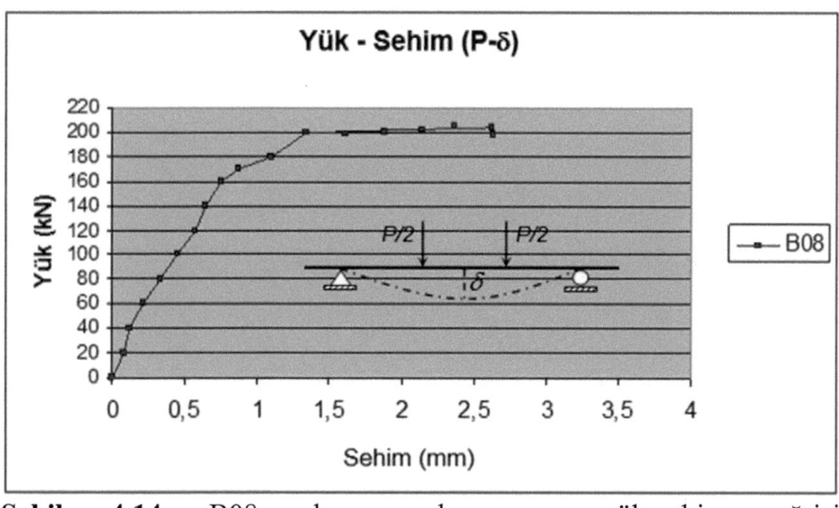

Şekil 4.14 B08 deney elemanının yük-sehim eğrisi *(t_a= 4 mm, Yapıştırıcı: Sikadur 52, Beton Yüzeyi: Kuru, f_{ck}:35 MPa)*

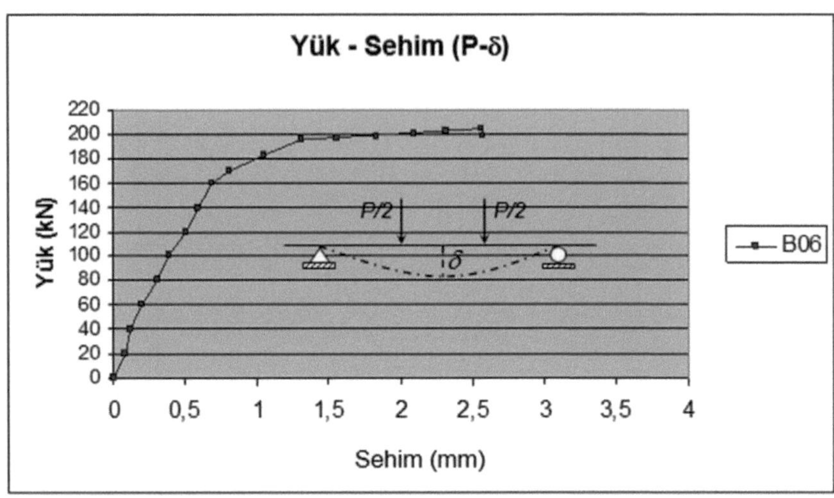

Şekil 4.15 B06 deney elemanının yük-sehim eğrisi *(t_a= 4 mm, Yapıştırıcı: Sikadur 52, Beton Yüzeyi: Kuru, f_{ck}:30 MPa) (Yapıştırıcı/İnce agrega: 0.4)*

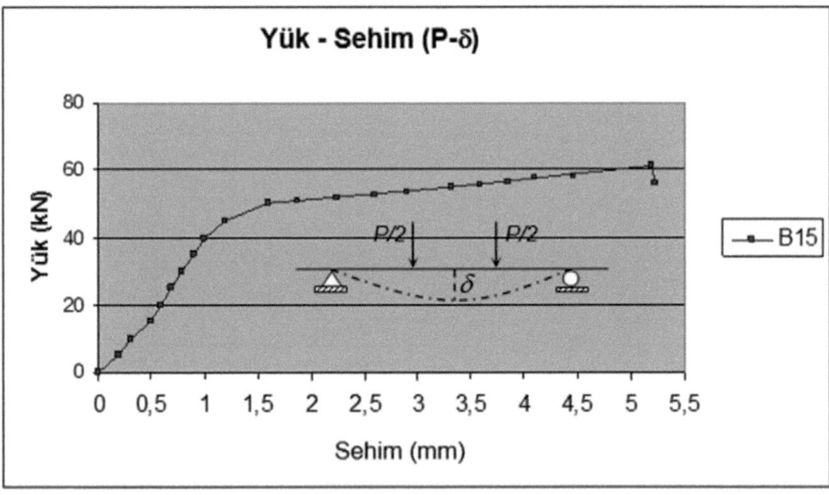

Şekil 4.16 B15 deney elemanının yük-sehim eğrisi *(Referans Betonarme Kiriş, f_{ck}:30 MPa)*

Laboratuar ortamında gerçekleştirilen deneyler sonucunda kirişlerde oluşan etkiler (eğilme-kesme çatlakları, FRP ayrışması) Şekil 4.17-Şekil 4.27'de verilmiştir. Tüm kirişler, ilk başta, lineer elastik davranış göstermiş, bu durumu, kiriş orta bölgesinde birkaç çatlak izlemiştir. Sonrasında, eğilme çatlaklarının ve sehimlerin oluştuğu doğrulsa olmayan davranış gözlenmiştir. Deneye tâbi tutulan kirişlerde, yüklemenin başlangıcında sehimler çok küçük değerlerde seyretmiş, çekme bölgesinde ilk çatlak oluştuktan itibaren sehim değerlerinin artmaya başladığı görülmüştür. Yük arttıkça, kirişin rijitliği, donatıların akma sınırına ulaşmasıyla belirgin olarak değişmiştir. B15 kontrol kirişi, betonun ezilmesi ve sonrasında donatının akmasıyla göçme durumuna ulaşmıştır. Kirişlerin deney sonrasındaki görünümlerine bakıldığında, çekme tarafında beklendiği üzere eğilme ve kesme çatlaklarının oluştuğu gözlenmiştir. FRP'nin bitim noktasında, levha başlarında kesme çatlaklarının meydana geldiği ve deney elemanlarının önemli bir kısmında karbon fiberin uç kısmından ayrıştığı gözlenmiştir. Kirişin levha ile güçlendirilmiş bölgesinde eğilme deformasyonlarının az olması dikkati çekmiştir. Levha başlarında ve ortasında kopma-yarılma olmamıştır.

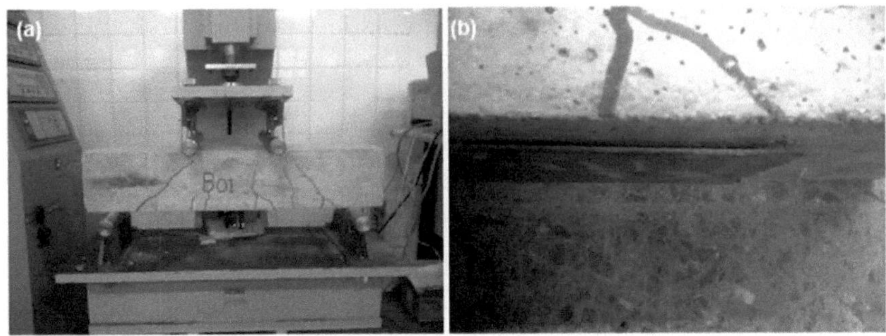

Şekil 4.17 B01 deney elemanı (a) kirişte oluşan çatlaklar (b) FRP'nin uç bölgesinde ayrışma

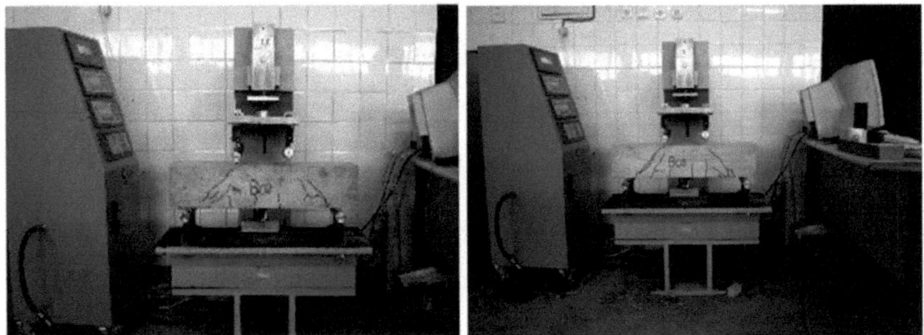
Şekil 4.18 B02 ve B03 deney elemanlarında oluşan çatlaklar

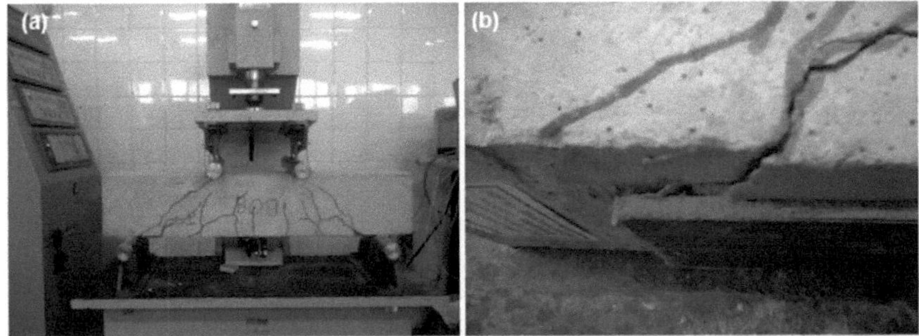

Şekil 4.19 B09 deney elemanı (a) kirişte oluşan çatlaklar (b) FRP uç bölgesinde oluşan çatlak

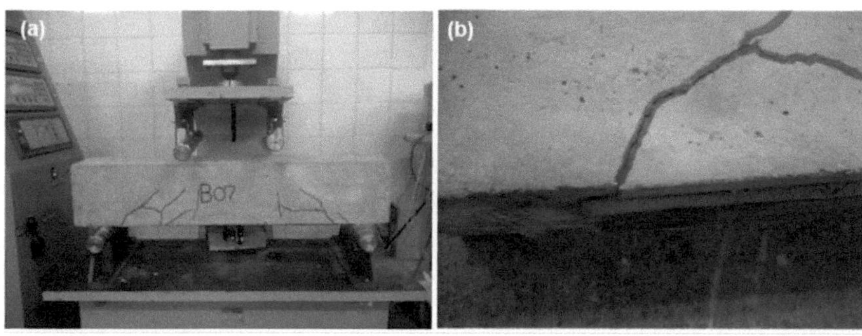

Şekil 4.20 B07 deney elemanı (a) kirişte oluşan çatlaklar (b) FRP'nin uç bölgesinde ayrışma

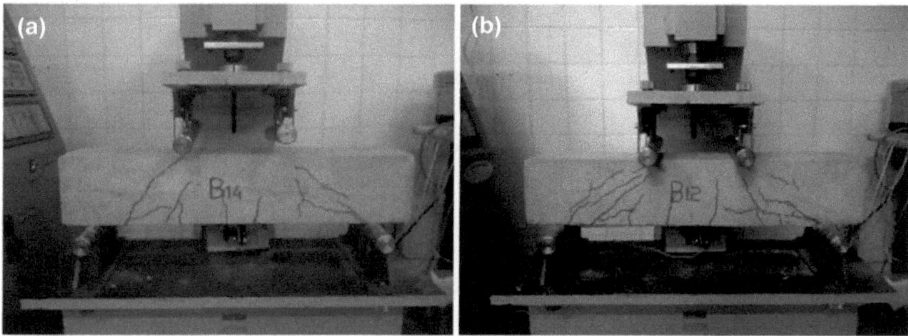

Şekil 4.21 B14 ve B12 deney elemanlarında oluşan çatlaklar

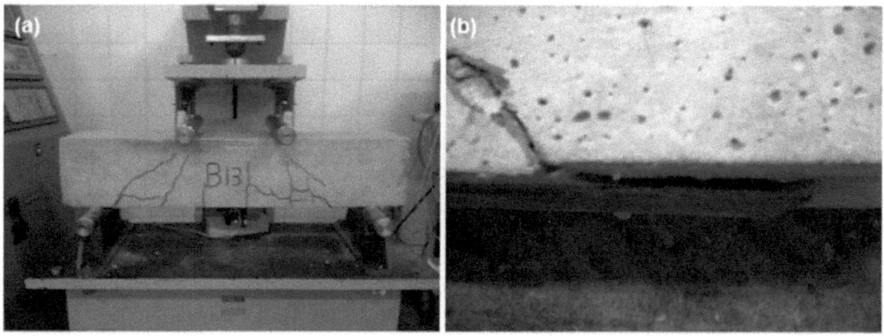

Şekil 4.22 B13 deney elemanı (a) kirişte oluşan çatlaklar (b) FRP'nin uç bölgesinde ayrışma

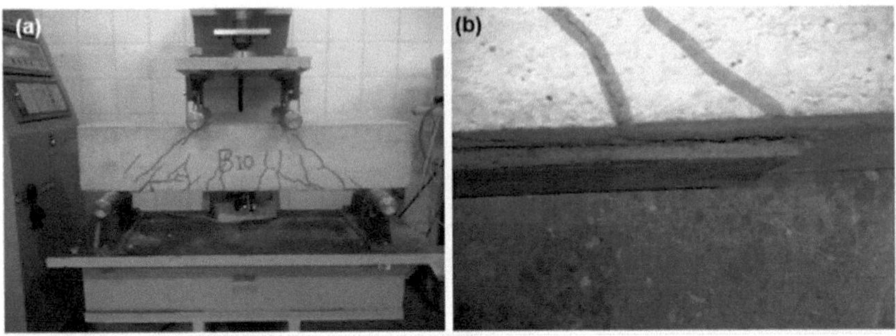

Şekil 4.23 B10 deney elemanı (a) kirişte oluşan çatlaklar (b) FRP'nin uç bölgesinde ayrışma

Şekil 4.24 B11 ve B05 deney elemanlarında oluşan çatlaklar

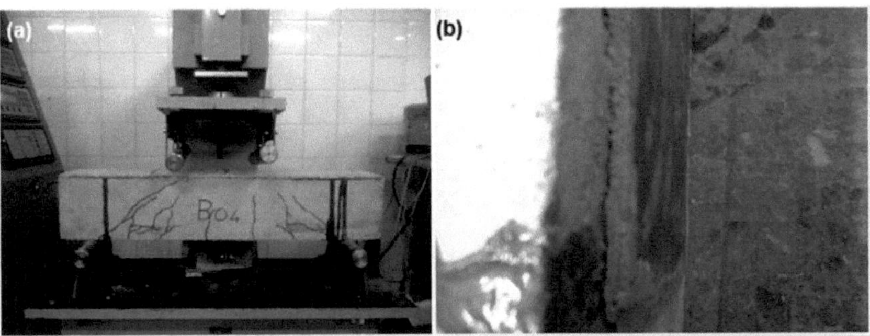

Şekil 4.25 B04 deney elemanı (a) kirişte oluşan çatlaklar (b) FRP'nin uç bölgesinde ayrışma

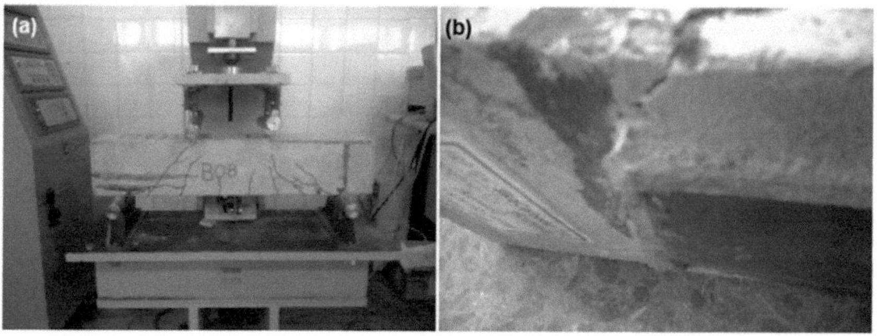

Şekil 4.26 B08 deney elemanı (a) kirişte oluşan çatlaklar (b) FRP uç bölgesinde oluşan çatlak

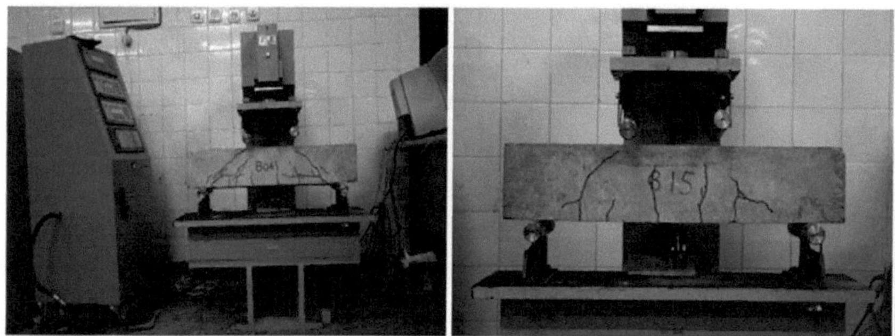

Şekil 4.27 B14 ve B15 deney elemanlarında oluşan çatlaklar

4.3 ANSYS®WB ile FRP'li Betonarme Kiriş Modelinin Analizi

Bu kısımda, deneysel çalışması yapılmış olan deney elemanlarının bilgisayar ortamında modellenmesi ve doğrusal olmayan sonlu elemanlar yöntemi ile analizi verilecektir. Beton, donatı ve FRP malzemeleri deneyde kullanılan eleman ile aynı özelliklere sahiptir. Program arayüzü Şekil 4.28'de, malzeme özellikleri ise Şekil 4.29'da verilmektedir.

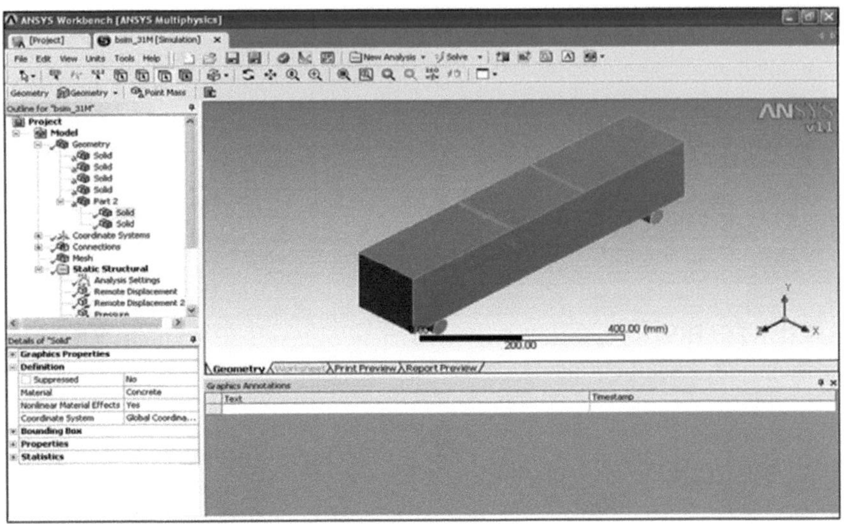

Şekil 4.28 ANSYS® Workbench arayüzü

Programda her bir malzemenin katı (solid) modellemesi yapılmıştır. Söz konusu malzemeler beton, donatı, mesnet, FRP ve yapıştırıcıdan oluşmaktadır. ANSYS'te enine donatı modellemesi imkânı olmadığı için boyuna ve enine donatılar Solidworks üç boyutlu katı çizim programında modellenmiş ve programa aktarılmıştır. Deneyde kullanılan eğilme çerçevesindeki yüklemenin yansıtılması amacıyla ANSYS'te de kiriş üzerinde 0.5x15 cm^2 alana yük uygulanarak gerçekleştirilmiştir. Ayrıca, eğilme çerçevesindeki mesnetlerle malzeme özelliği ve boyut olarak aynı modelleme ANSYS'te yapılmıştır. Doğrusal olmayan analizin gerçek davranışı verebilmesi için kiriş elemanı sonlu elemanlara (mesh) ayrılarak analizler gerçekleştirilmiştir. Donatı ve beton arasındaki aderans etkisi ile mesnet serbestlikleri de programda dikkate alınmıştır. Deneysel çalışmada, kirişe uygulanan yük-zaman ilişkisi, Ansys'te de yükün zamana bağlı olarak tanımlanması suretiyle yansıtılmıştır.

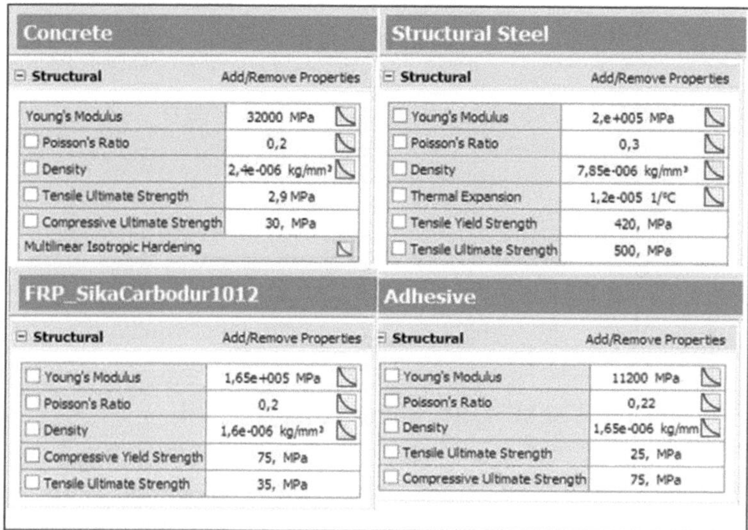

Şekil 4.29 Kompozit model malzeme özellikleri

Programda oluşturulan FRP'li betonarme kiriş modeli Şekil 4.30'da verilmektedir.

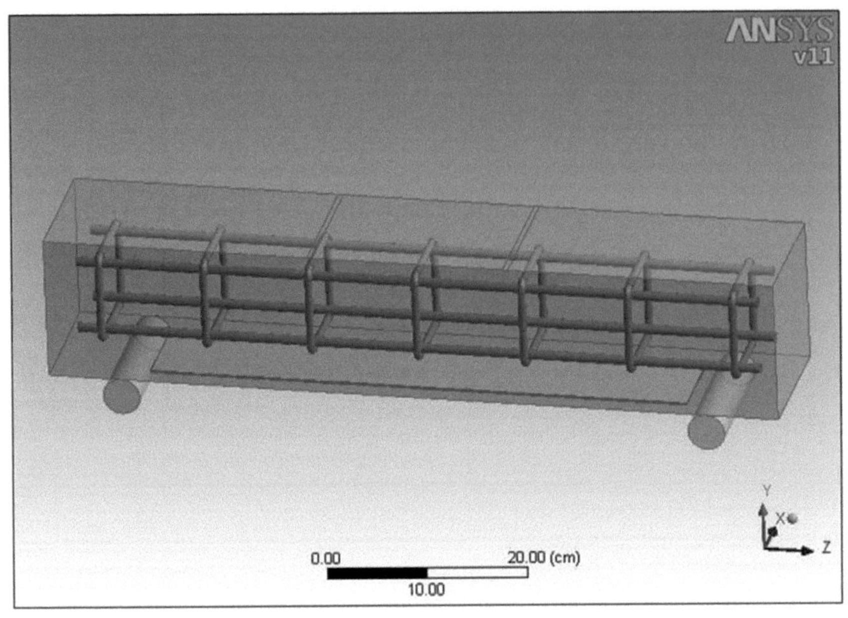

Şekil 4.30 Sonlu eleman modeli

C30/37 sınıfına ait deney elemanının ANSYS'te modellenerek yük uygulanması sonucu, kirişin deforme olmuş hali incelendiğinde, maksimum sehimin beklendiği üzere kirişin ortasında oluştuğu görülmektedir (Şekil 4.31).

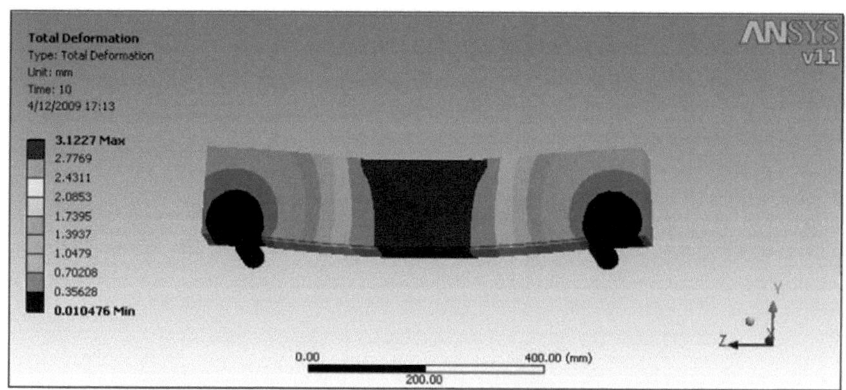

Şekil 4.31 Kompozit modelin deforme olmuş hali

4.3.1 Deney ve ANSYS®WB Analiz Sonuçlarının Karşılaştırılması

C30/37 beton sınıfına göre gerçekleştirilen deneyden elde edilen zarf eğrisi ile ANSYS'teki modelin yük-yerdeğiştirme eğrisi Şekil 4.32'de verilmiştir. Elde edilen grafik incelendiğinde, davranış açısından birbirine oldukça benzeyen yük-sehim eğrisi elde edilmiştir.

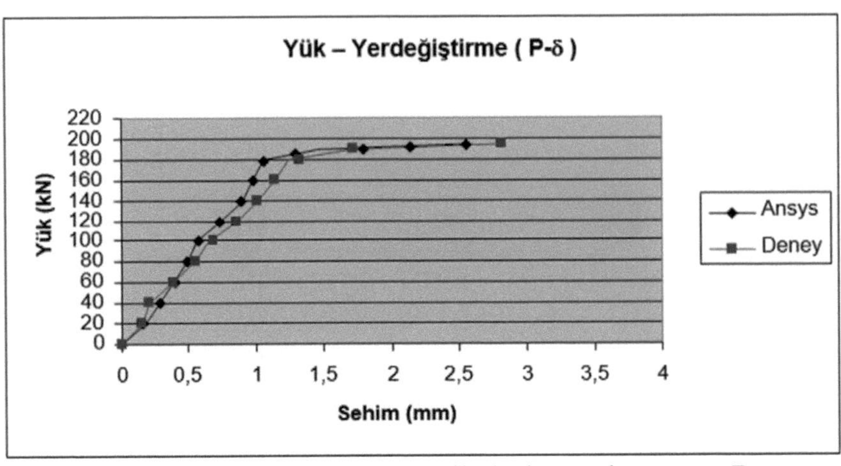

Şekil 4.32 C30/37 sınıfı betondan üretilmiş deney elemanının Deney ve ANSYS®WB'ten elde edilmiş P-δ eğrisi

Deney ile ANSYS arasındaki maksimum sehim değerleri Tablo 4.3'te verilmiştir.

Tablo 4.3 Deney ve ANSYS®WB'te elde edilen maksimum sehim değerleri

	Maksimum sehim (mm)
Deneysel çalışma	2.88
Sayısal analiz	2.63

4.3.2 ANSYS®WB'de Deney Elemanlarının Kayma Gerilmeleri ve Normal Gerilmelerdeki Değişimlerinin Belirlenmesi

Deneysel çalışmada kullanılan betonarme kirişler ANSYS'te modellenmiş ve analiz neticesinde, yapıştırıcı-beton ve yapıştırıcı-FRP arayüzünde, FRP levha düzlemine dik kayma gerilmeleri ile normal gerilmeler elde edilmiştir (Şekil 4.33). Grafikler, yapıştırıcı türü, yapıştırıcı kalınlığı ve beton yüzeyinin nemli/kuru olduğu durumlarına göre karşılaştırmaya imkân verecek şekilde oluşturulmuştur. Yapıştırıcı türü Sikadur-30 ve Sikadur-52, yapıştırıcı kalınlığı ise 1 mm'den küçük, 1 mm, 2 mm ve 4 mm seçilmiştir. FRP uygulamasından önce beton yüzeyi ıslatılarak yüzeyin neme doygun olması sağlanmış ve FRP bu şekilde uygulanmıştır. Betonarme kiriş ve FRP şeritler arasındaki asal gerilme transfer mekanizmasına göre yapıştırıcı-FRP arasındaki gerilme transferinin doğrusal olmayan (nonlineer) kayma davranışına sahip olduğu durum da dikkate alınarak analizler yapılmış ve gerilmeler belirlenmiştir. Bu sonuçlarla, güçlendirilen betonarme kirişlerin arayüz gerilme dağılımlarını belirleyen ana karakteristikleri göstermek hedeflenmektedir.

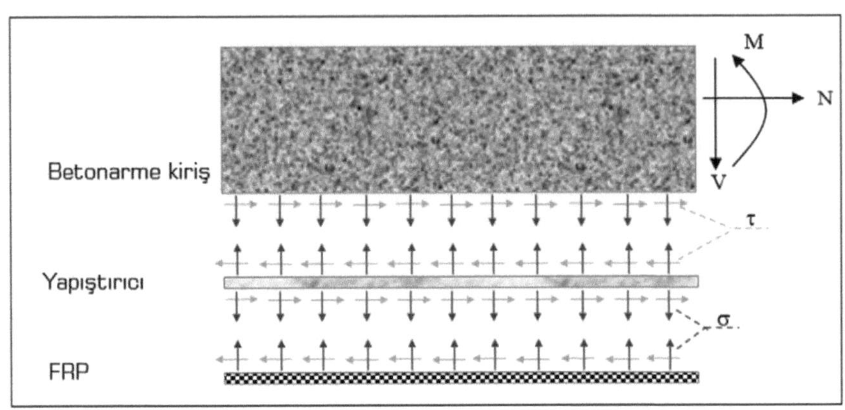

Şekil 4.33 Arayüz kayma ve normal gerilmeler

4.3.2.1 Arayüz Gerilmelerinde Yapıştırıcı Kalınlığının Etkisi

Kullanılan beton ve donatı sınıfıyla, yapıştırıcı türü aynı olan, kuru beton yüzeye FRP'nin uygulandığı betonarme kirişlerde, değişik yapıştırıcı kalınlıklarına sahip FRP'li betonarme kirişlere yük uygulanması sonucu elde edilen kayma gerilmeleri ve normal gerilmelerin değişimi, B01, B02, B03 ve B09 deney elemanları için ANSYS'te elde edilmiştir. B01'de <1 mm, B02'de 1 mm, B03'te 2 mm ve B09'da 4 mm yapıştırıcı kalınlığı uygulanmıştır. Gerilme değerleri, FRP'nin uzunluğu boyunca kenar kısımdan alınan değerlerdir. Şekil 4.34'te kayma gerilmeleri (yapıştırıcı-FRP arası), Şekil 4.35'te ise normal gerilmeler görülmektedir.

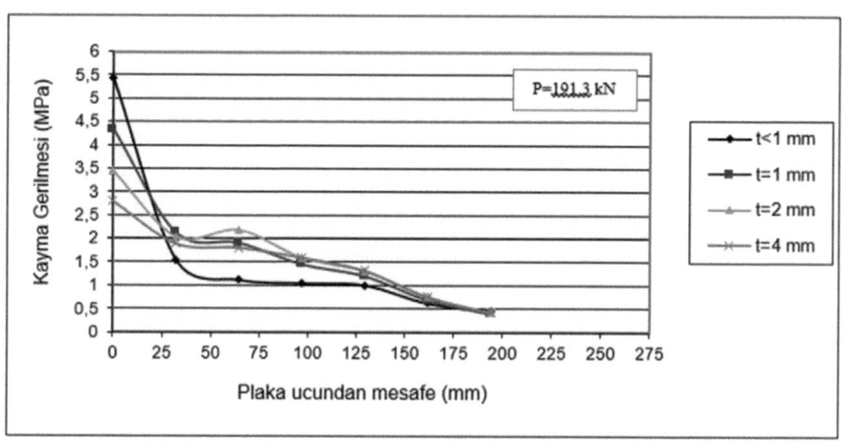

Şekil 4.34 Arayüz kayma gerilmelerinde yapıştırıcı kalınlığının etkisi

Şekil 4.34'ten görüleceği üzere, yapıştırıcı kalınlığının en büyük olduğu B09 elemanında, kayma gerilme değerleri daha küçük elde edilmiştir. 1 mm'den küçük yapıştırıcı kalınlığına sahip B01 elemanında ise, diğer elemanlara göreli olarak daha büyük gerilme değerleri elde edilmiştir. Arayüz kayma gerilmesi yoğunluğu ve seviyesinin, yapıştırıcı kalınlığından kayda değer ölçüde etkilendiği anlaşılmaktadır. Genel olarak mühendislik uygulamalarında, uygulanan yapıştırıcı kalınlığı küçük değerlere karşılık gelmekte ve yapıştırıcı tabaka kalınlığının etkisinin dikkate alınması gerektiği açık olarak görülmektedir. Bu itibarla, yapıştırıcı kalınlığının artırılması, özellikle FRP'nin kenar bölgelerinde önerilmektedir.

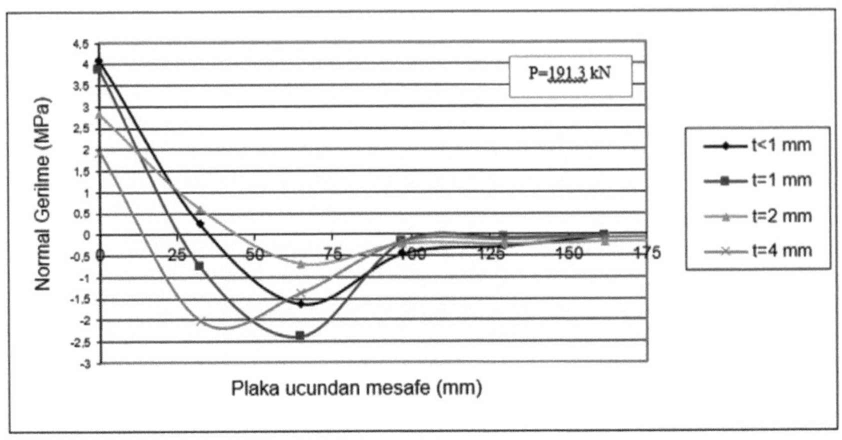

Şekil 4.35 Arayüz normal gerilmelerde yapıştırıcı kalınlığının etkisi

Yapıştırıcı kalınlıklarının normal gerilme değerlerine etkisi Şekil 4.35'te görülmektedir. Sayısal olarak bir karşılaştırma yapılacak olursa, yapıştırıcı kalınlığının en büyük olduğu B09 elemanında, normal gerilme değerleri en küçük değerlere sahiptir. 1 mm'den küçük yapıştırıcı kalınlığına sahip B01 elemanında ise, diğer elemanlara göreli olarak daha büyük gerilme değerleri elde edilmiştir. Yapıştırıcı kalınlığının artmasının, kayma gerilmelerinde olduğu gibi, normal gerilme seviyelerine bakıldığında da azalmaya yol açtığı anlaşılmaktadır. Grafikten, FRP bitim yerlerine yakın noktalarda normal gerilmelerin ekstrem değerlere ulaştığı da görülmektedir. B01, B02, B03 ve B09 elemanlarına ait kayma gerilmesi konturları, beton-yapıştırıcı arayüzü ve yapıştırıcı-FRP arayüzündeki gerilmeler olmak üzere Şekil 4.36-Şekil 4.39'da gösterilmiştir.

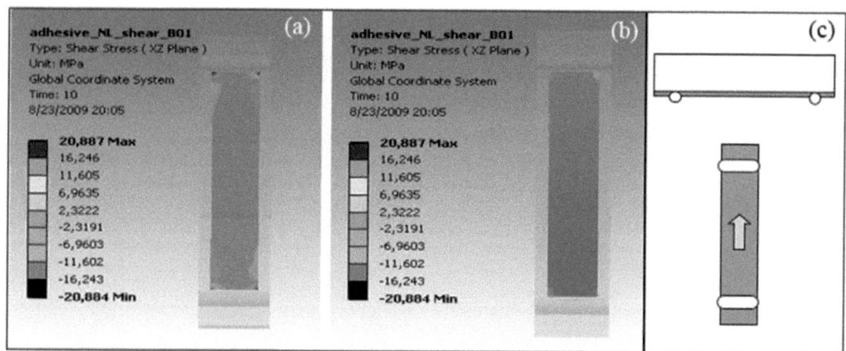

Şekil 4.36 B01 elemanına ait kayma gerilmesi konturları (a) beton-yapıştırıcı arayüzü, (b) yapıştırıcı-FRP arayüzü, (c) gerilme konturlarına bakış doğrultusu

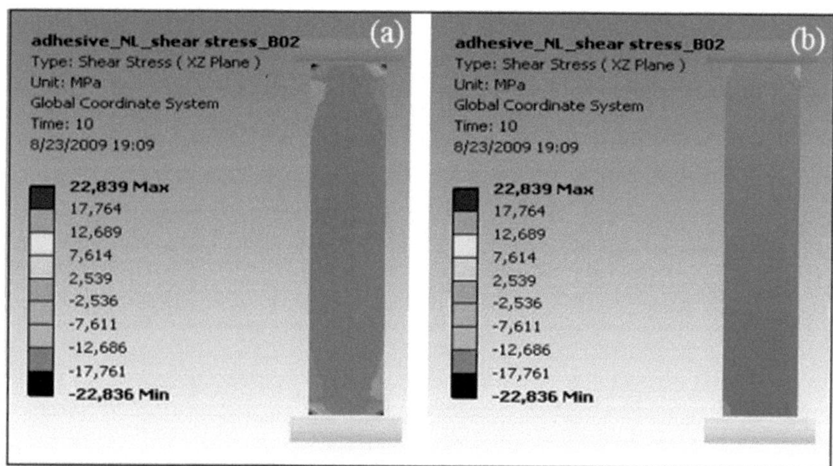

Şekil 4.37 B02 Elemanına ait kayma gerilmesi konturları (a) beton-yapıştırıcı arayüzü (b) yapıştırıcı-FRP arayüzü

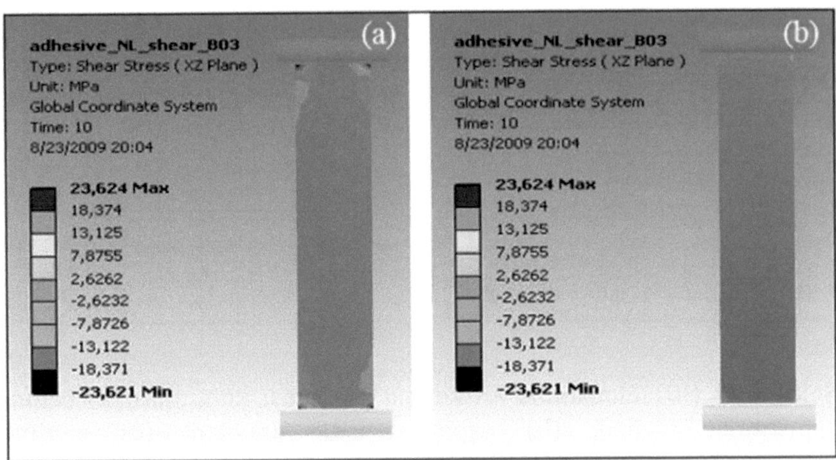

Şekil 4.38 B03 elemanına ait kayma gerilmesi konturları (a) beton-yapıştırıcı arayüzü (b) yapıştırıcı-FRP arayüzü

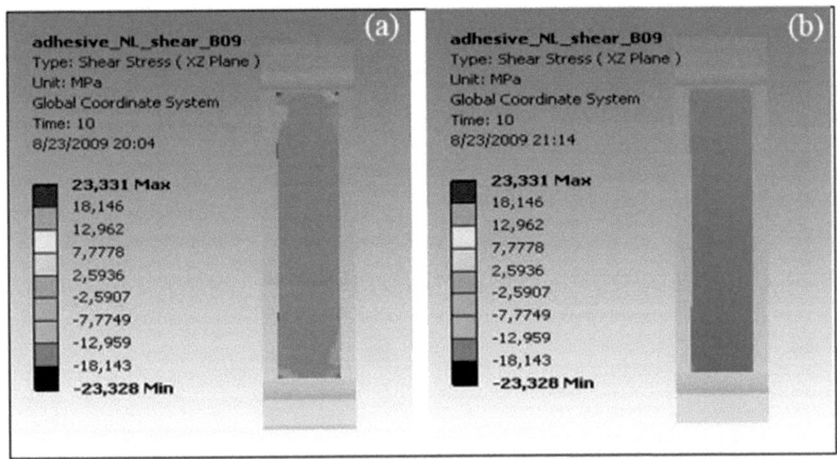

Şekil 4.39 B09 elemanına ait kayma gerilmesi konturları (a) beton-yapıştırıcı arayüzü (b) yapıştırıcı-FRP arayüzü

Gerilme konturlarını gösteren şekillerden görüleceği gibi, beton-yapıştırıcı arayüzünde gerilme değerleri incelendiğinde, FRP uç kısımlarında kayma gerilmeleri değerlerinin diğer noktalara göre oldukça yüksek değerlere sahip olduğu görülmektedir. Deneyler sonrasında, FRP'lerin uç kısımlarında ayrışma olduğu belirtilmişti ki, analiz sonuçlarının bu durumu doğruladığı anlaşılmaktadır. Gerek beton-yapıştırıcı arayüzünde, gerekse yapıştırıcı-FRP arayüzündeki kayma gerilmesi yoğunlukları FRP bitim yerlerine yakın bölgelerde değişim göstermektedir.

4.3.2.2 Arayüz Gerilmelerinde Yapıştırıcı Türünün Etkisi

Kullanılan beton ve donatı sınıfıyla, yapıştırıcı kalınlığı aynı olan, kuru beton yüzeye FRP'nin uygulandığı betonarme kirişlerde, Sikadur-30 ve Sikadur-52 yapıştırıcılarının kullanıldığı FRP'li betonarme kirişlere yük uygulanması sonucu elde edilen kayma gerilmelerinin değişimi, B03 ve B05 deney elemanları için ANSYS'te elde edilmiştir. Şekil 4.40'taki kayma gerilmeleri, yapıştırıcı-FRP arasındaki gerilmeleri göstermektedir. Şekil 4.41'de ise, normal gerilme değerleri verilmiştir. B03 elemanında Sikadur-30 ve B05 elemanında Sikadur-52 yapıştırıcıları kullanılmıştır. Gerilme değerleri, FRP'nin uzunluğu boyunca kenar kısımdan alınan değerlerdir.

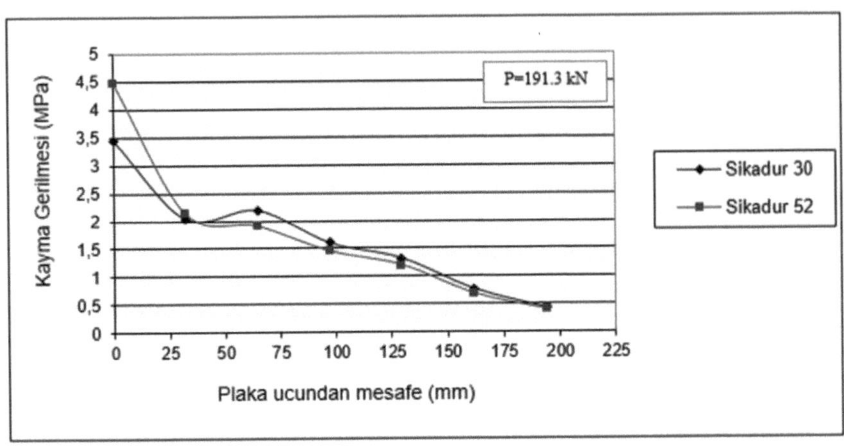

Şekil 4.40 Arayüz kayma gerilmelerinde yapıştırıcı türünün etkisi

Şekil 4.40'tan görüleceği üzere, yapıştırıcı türünün değişmesinin gerilmelere önemli oranda bir etkisinin olmadığı görülmektedir. Ayrıca, deneysel çalışma sonucunda gerek maksimum sehim, gerekse yük taşıma kapasitesi açısından da önemli derecede fark olmadığı görülmüştü. Yine de, Sikadur-30 yapıştırıcısının uygulama kolaylığı bir avantaj olarak belirtilebilir. Diğer yandan, plaka ucundan uzaklaşıldıkça kayma gerilmelerinin azaldığı, FRP bitim noktalarına yakın yerlerde kayma gerilmelerinin maksimum seviyeye ulaştığı görülmektedir.

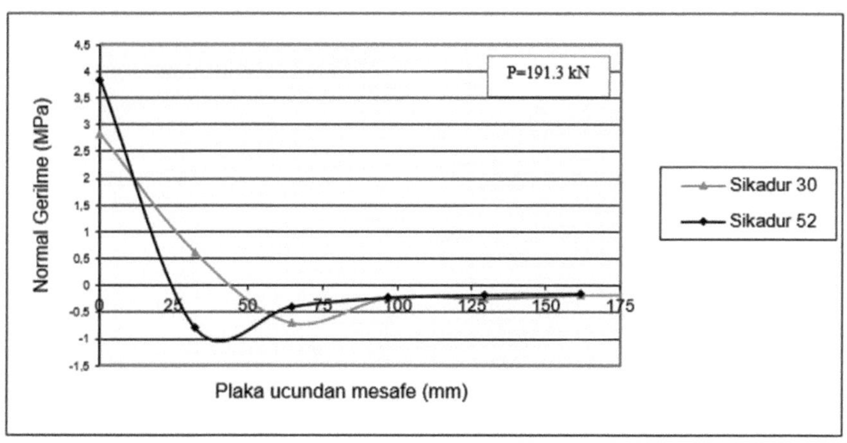

Şekil 4.41 Arayüz normal gerilmelerde yapıştırıcı türünün etkisi

Şekil 4.41'den görüleceği üzere, yapıştırıcı türünün değişmesinin, FRP uç bölgesinde etkisi olduğu görülmektedir. Her iki yapıştırıcı için de, plaka ucundan itibaren normal gerilmelerin azaldığı anlaşılmaktadır.

B03 ve B05 elemanlarındaki kayma gerilmesi eş eğrileri Şekil 4.42 ve Şekil 4.43'te gösterilmiştir.

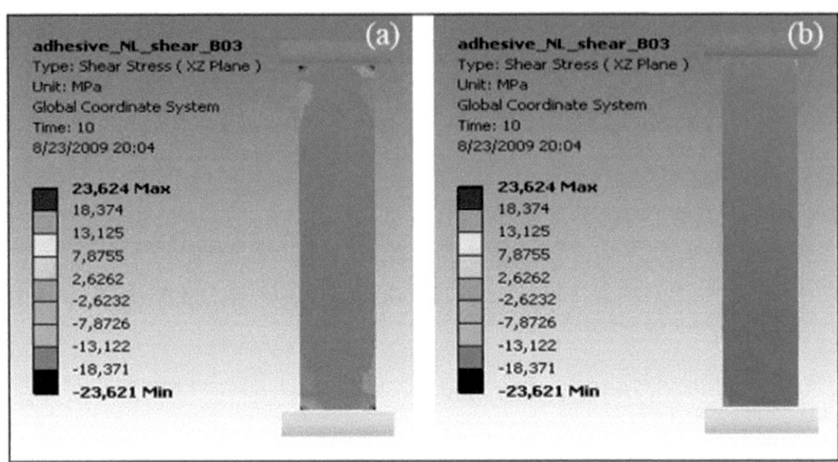

Şekil 4.42 B03 Elemanına ait kayma gerilmesi konturları (a) beton-yapıştırıcı arayüzü (b) yapıştırıcı-FRP arayüzü

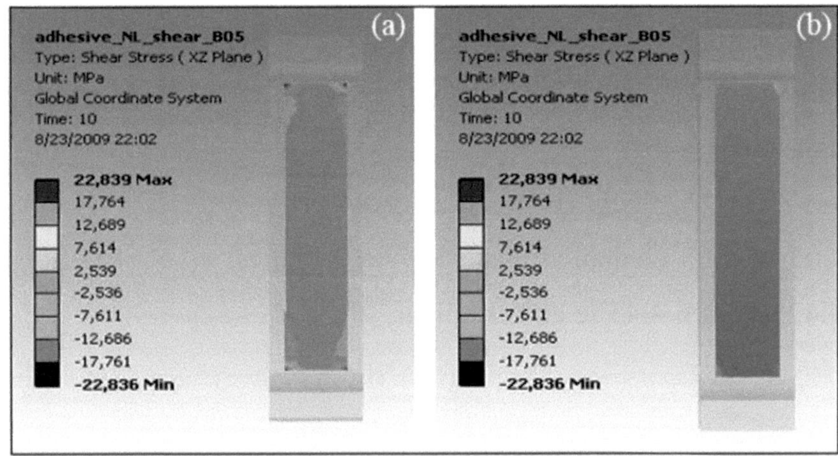

Şekil 4.43 B05 elemanına ait kayma gerilmesi konturları (a) beton-yapıştırıcı arayüzü (b) yapıştırıcı-FRP arayüzü

Gerilme konturlarını gösteren şekillerden görüleceği gibi, beton-yapıştırıcı arayüzünde gerilme değerleri incelendiğinde, yapıştırıcı kalınlığına göre elde edilen gerilme karakteristiğine benzer sonuçlar elde edilmiştir. FRP uç kısımlarında kayma gerilmelerinin diğer noktalara göre oldukça yüksek değerlere sahip olduğu görülmektedir. Deneyler sonrasında, FRP'lerin uç kısımlarında ayrışma olduğu ve analiz sonuçlarının bu durumu doğruladığı anlaşılmaktadır. Gerek beton-yapıştırıcı arayüzünde gerekse yapıştırıcı-FRP arayüzündeki kayma gerilme değerleri, FRP bitim yerlerine yakın noktalarda değişim göstermektedir.

4.3.2.3 Arayüz Gerilmelerinde Beton Yüzeyinin Etkisi

FRP, betonarme kirişin altına uygulanırken beton yüzeyinin nemli ve kuru olduğu duruma göre, ANSYS'te analizler yapılmış ve yapıştırıcı tabakadaki kayma ve normal gerilme değerleri elde edilmiştir. Yapıştırıcı elastisite modülü %10 azaltılarak, beton yüzeyindeki nemin etkisi analizlere yansıtılmıştır [65]. Deney elemanlarından, B09 ve B10'un programda malzeme özellikleri girilmiş ve sonuçlar elde edilmiştir. B09 elemanında, beton yüzeyi kuru iken FRP uygulanmış, B10 elemanında ise, beton yüzeyi nemli iken uygulama yapılmıştır. Şekil 4.44'te kayma gerilmeleri, Şekil 4.45'te normal gerilme değerleri karşılaştırma için verilmiştir.

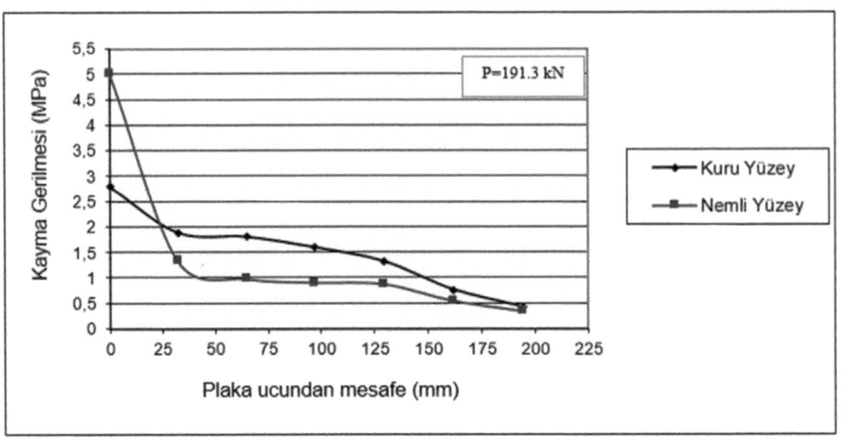

Şekil 4.44 Uygulamada beton yüzeyinin kayma gerilmelerine etkisi

Şekil 4.44'ten görüleceği üzere, beton yüzeyin kuru olduğu durumda uygulamanın yapıldığı B09 elemanında, kayma gerilmesi değerleri daha küçük elde edilmiştir. Nemli yüzeye FRP uygulamasında, yapıştırıcı karakterinin kısmen değiştiği ve buna bağlı olarak gerilme değerlerinin etkilendiği görülmektedir. Deneyde ise, B09 elemanının maksimum sehim miktarı daha az elde edilmişti. Diğer parametrelere göre karşılaştırmalarda olduğu gibi plaka ucundan itibaren kiriş ortasına doğru kayma gerilmelerinin azaldığı, FRP bitim noktalarına yakın yerlerde kayma gerilmelerinin maksimum seviyeye ulaştığı görülmektedir.

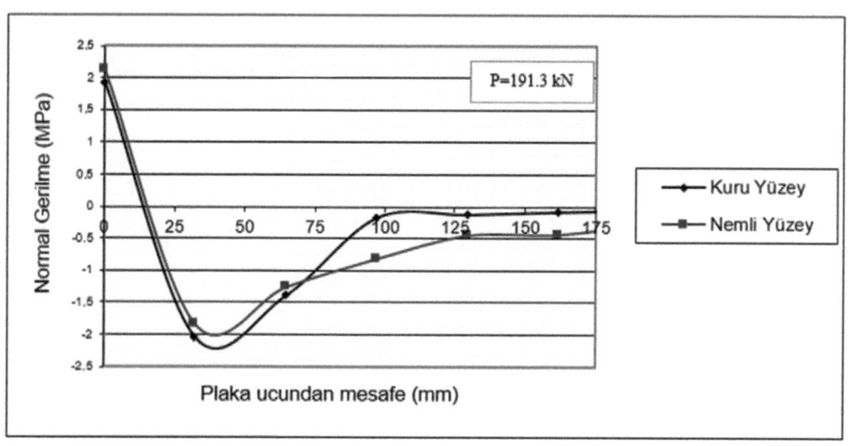

Şekil 4.45 Uygulamada beton yüzeyinin normal gerilmelere etkisi

Beton yüzeyin kuru olduğu durumda uygulamanın yapıldığı B09 elemanında, normal gerilme değerleri daha küçük elde edilmiştir. Nemli yüzeye FRP uygulamasında, yapıştırıcı karakterinin kısmen değiştiği ve buna bağlı olarak gerilme değerlerinin arttığı görülmektedir (Şekil 4.45).

B10 elemanı için kayma gerilmesi konturları Şekil 4.46'da gösterilmiştir. B09 elemanına ait kayma gerilmesi değişimi, yapıştırıcı kalınlığına göre gerilmelerin karşılaştırıldığı kısımda verilmiştir (Şekil 4.39).

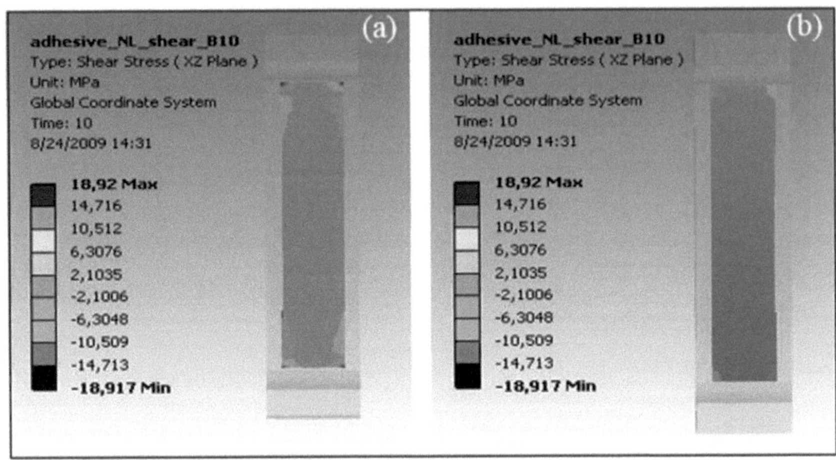

Şekil 4.46 B10 elemanına ait kayma gerilmesi konturları (a) beton-yapıştırıcı arayüzü (b) yapıştırıcı-FRP arayüzü

Beton-yapıştırıcı arayüzünde gerilme değerleri incelendiğinde, diğer karşılaştırma parametrelerindeki sonuçlara benzer değerler görülmektedir. Plaka uç kısımlarında kayma gerilmeleri değerlerinin diğer noktalara göre oldukça yüksek değerlere sahip olduğu görülmektedir. Deneyler sonrasında, FRP'lerin uç kısımlarında ayrışma olduğu ve analiz sonuçlarının bu durumu doğruladığı anlaşılmaktadır. Gerek beton-yapıştırıcı arayüzünde gerekse yapıştırıcı-FRP arayüzündeki kayma gerilme değerleri, plaka bitim yerlerine yakın noktalarda değişim göstermektedir (Şekil 4.46).

4.3.2.4 Arayüz Gerilmelerinde Gerilme Geçiş Davranışlarının Etkisi

Betonarme kiriş ve FRP arasında, yapıştırıcıdan betona ve FRP'ye gerilme aktarımının, doğrusal olan, elasto-platik ve doğrusal olmayan kayma davranışı dikkate alınarak ANSYS'te analizler gerçekleştirilmiştir. Analizlerden elde edilen sonuçlar grafikler halinde sunulmuştur. Yapıştırıcı gerilme aktarımının türü NL (doğrusal olmayan), EP (elasto-plastik, lineer elastik-ideal plastik) ve L (lineer elastik) olarak ifade edilmiştir. Şekil 4.47 ve Şekil 4.48'de B01 elemanının analizi sonucu elde edilen kayma ve normal gerilme grafikleri verilmiştir.

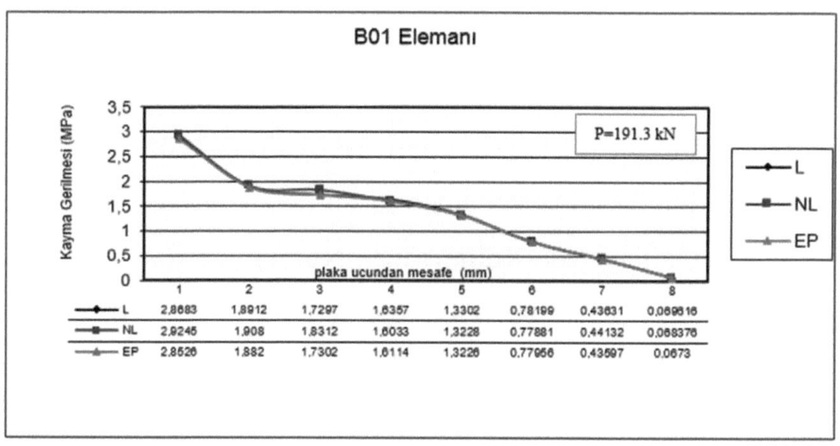

	1	2	3	4	5	6	7	8
L	2,8683	1,8912	1,7297	1,6357	1,3302	0,78199	0,43631	0,069616
NL	2,9245	1,908	1,8312	1,6033	1,3228	0,77881	0,44132	0,068376
EP	2,8526	1,882	1,7302	1,6114	1,3226	0,77956	0,43597	0,0673

Şekil 4.47 Farklı yapıştırıcı karakteristiklerine ait kayma gerilmeleri

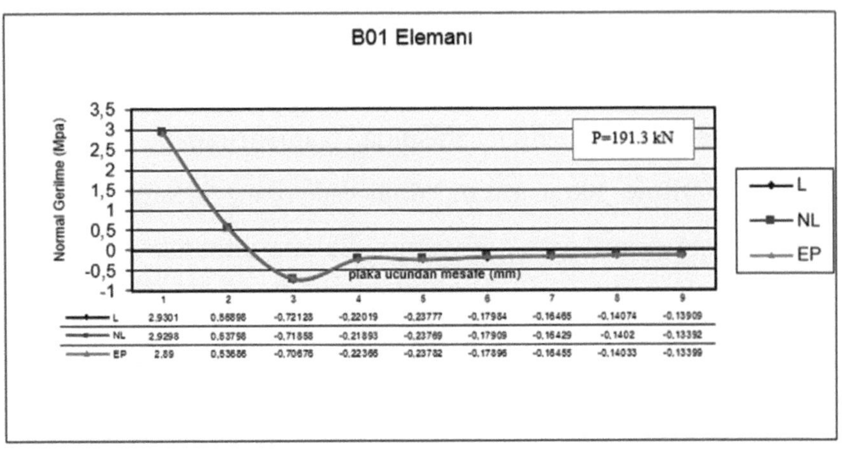

	1	2	3	4	5	6	7	8	9
L	2.9301	0.56896	-0.72128	-0.22019	-0.23777	-0.17984	-0.16465	-0.14074	-0.13909
NL	2.9298	0.53796	-0.71858	-0.21893	-0.23769	-0.17909	-0.16429	-0.1402	-0.13392
EP	2.89	0.53686	-0.70676	-0.22366	-0.23782	-0.17896	-0.16455	-0.14033	-0.13399

Şekil 4.48 Farklı yapıştırıcı karakteristiklerine ait normal gerilmeler

Şekil 4.47'de görüldüğü üzere, yapıştırıcının doğrusal olan (L), doğrusal olmayan (NL) ve elasto-plastik (EP) davranışına göre yapılan analiz sonuçlarına bakıldığında, plaka uçlarında maksimum gerilmelerin oluştuğu ve doğrusal olmayan duruma ait gerilmelerin daha yüksek değerlere sahip olduğu görülmektedir. Elasto-plastik durumda ise, diğer iki duruma kıyasla daha küçük gerilme değerleri elde edilmiştir. Normal gerilmelerde ise, yapıştırıcının, FRP uç bölgelerinde, üç duruma ait gerilmelerin hemen hemen aynı değerlere sahip olduğu ve plaka ucundan kiriş ortasına doğru gerilmelerin azaldığı görülmektedir (Şekil 4.48).

Şekil 4.49 ve Şekil 4.50'de B01 elemanına ait üç durum için kayma gerilmesi ve normal gerilme konturları verilmektedir.

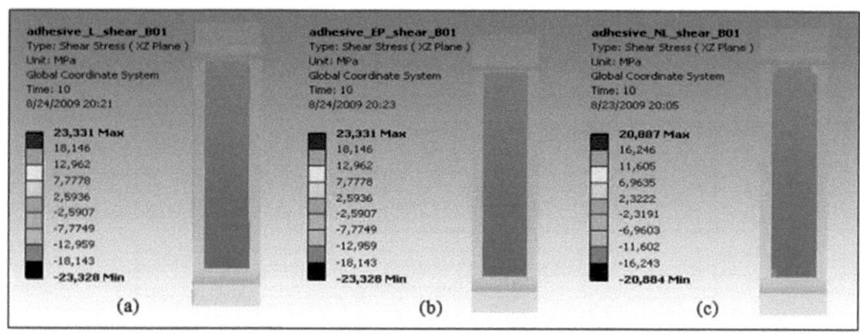

Şekil 4.49 B01 elemanına ait kayma gerilmesi konturları (a) lineer (b) elasto-plastik (c) doğrusal olmayan -nonlineer- durum

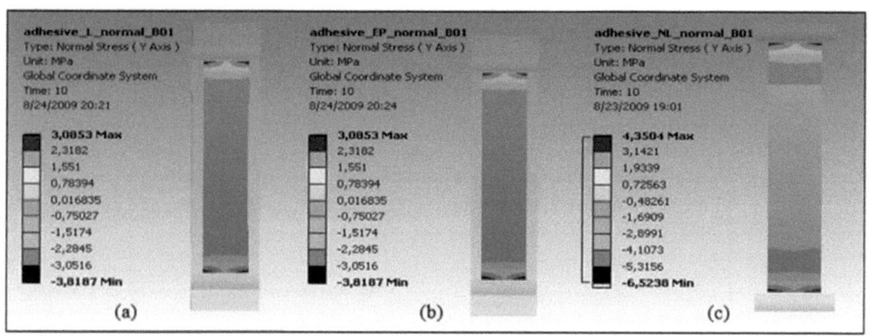

Şekil 4.50 B01 elemanına ait normal gerilme konturları (a) lineer (b) elasto-plastik (c) doğrusal olmayan –nonlineer- durum

Doğrusal olmayan, elasto-plastik ve lineer duruma göre analiz sonuçlarının anlamlı olması için B09 elemanı için de kayma gerilmesi ve normal gerilme değerleri elde edilmiştir. Söz konusu üç durum için, B09 elemanına ait kayma ve normal gerilme grafikleri Şekil 4.51 ve Şekil 4.52'de karşılaştırılmıştır.

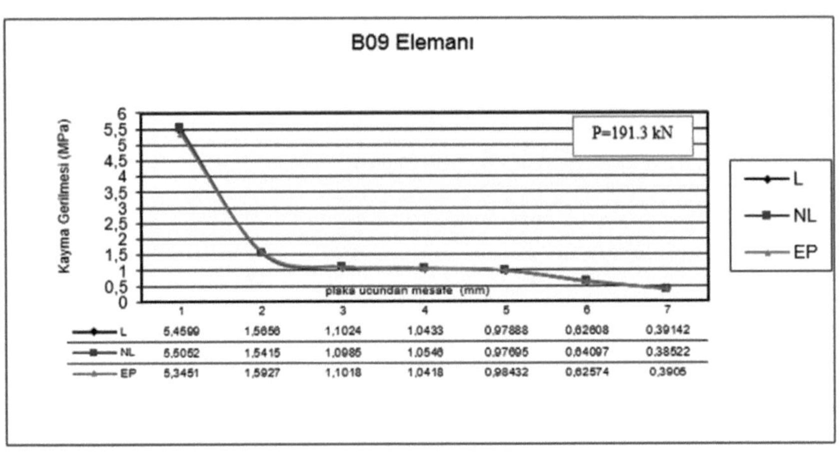

	1	2	3	4	5	6	7
L	5,4599	1,5656	1,1024	1,0433	0,97888	0,62608	0,39142
NL	5,5052	1,5415	1,0985	1,0546	0,97695	0,64097	0,38522
EP	5,3451	1,5927	1,1018	1,0418	0,98432	0,62574	0,3906

Şekil 4.51 Farklı yapıştırıcı karakteristiklerine ait kayma gerilmeleri

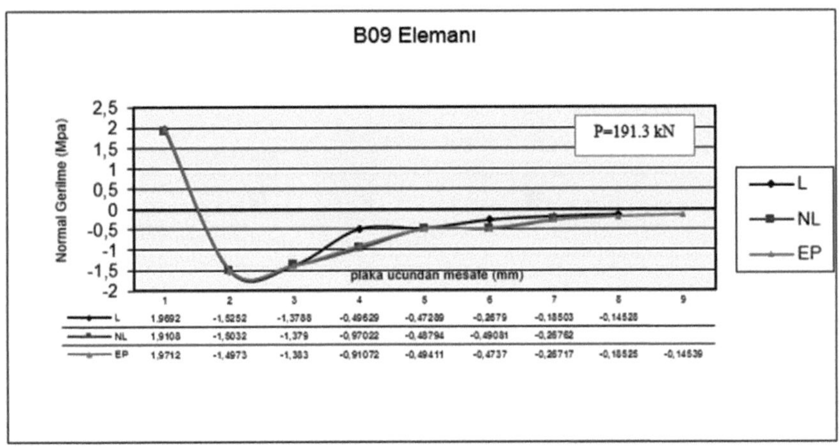

	1	2	3	4	5	6	7	8	9
L	1,9692	-1,5252	-1,3788	-0,49629	-0,47289	-0,2679	-0,18503	-0,14528	
NL	1,9108	-1,5032	-1,379	-0,97022	-0,48794	-0,49081	-0,26762		
EP	1,9712	-1,4973	-1,383	-0,91072	-0,49411	-0,4737	-0,26717	-0,18525	-0,14539

Şekil 4.52 Farklı yapıştırıcı karakteristiklerine ait normal gerilmeler

B09 elemanı esas alınarak elde edilen kayma gerilmeleri ve normal gerilme değerleri incelendiğinde, B01 elemanı için yapılan değerlendirmeler geçerli olmaktadır. Şekil 4.53 ve Şekil 4.54'te B09 elemanına ait kayma gerilmesi ve normal gerilme konturları verilmiştir.

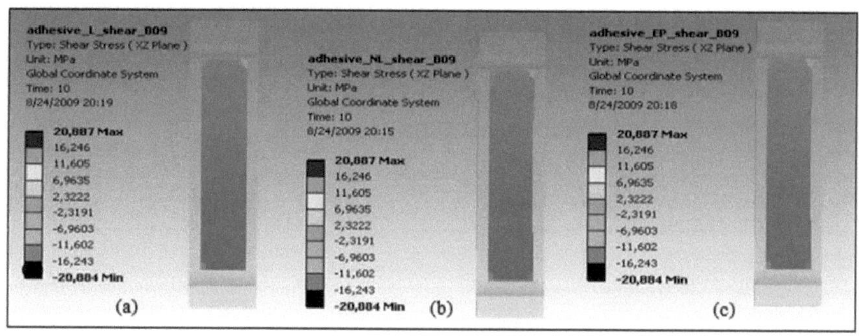

Şekil 4.53 B09 elemanına ait kayma gerilmesi konturları (a) lineer (b) elasto-plastik (c) doğrusal olmayan -nonlineer- durum

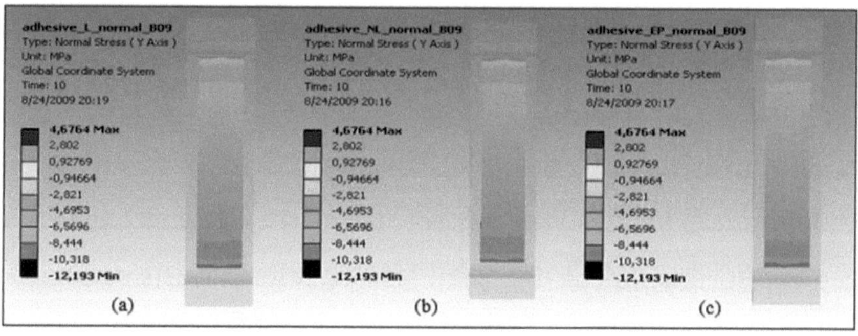

Şekil 4.54 B09 elemanına ait normal gerilme konturları (a) lineer (b) elasto-plastik (c) doğrusal olmayan -nonlineer- durum

4.4 FRP ile Güçlendirilen Betonarme Kirişlerin Eğilme Analizi ve Moment-Eğrilik Davranışı

4.4.1 Betonarme Kirişlerin Eğilme Analizi

FRP'li betonarme kirişlerin, *FRP-Analysis* programı ile yapılan analizleri sonucu, elde edilen moment ve yük taşıma kapasitesi değerleri Tablo 4.4'te verilmiştir.

Tablo 4.4 Deney elemanlarına ait analiz sonuçları

Kiriş No	Beton Sınıfı	Taşıma Gücü (kNm)	Yük Taşıma Kapasitesi (kN)
B01-B02-B03-B04-B05-B06-B09-B10	C30/37	19.13	191.3
B07-B08-B13-B14	C35/45	21.15	211.5
B11-B12	C25/30	16.91	169.1
B15 (Kontrol kirişi)	C30/37	7.00	70.0

4.4.2 Betonarme Kesitlerin Moment-Eğrilik Davranışının Belirlenmesi

Bölüm 3.5'te belirtildiği üzere, betonarme kirişler için geliştirilmiş mevcut analitik çalışmaya, FRP ve yapıştırıcı kodlarının eklenmesiyle, sayısal değerler verilerek analizler gerçekleştirilmiştir (Ek-D). Şekil 4.55'te, referans kiriş ve değişik yapıştırıcı kalınlıklarına sahip FRP'li kirişlerin, verilen malzeme modelleri ile dokuz farklı beton birim kısalması için ele alınarak oluşturulmuş eğilme momenti-eğrilik grafiği görülmektedir. Moment-eğrilik eğrisi altında kalan alan, kesitin enerji tüketebilme kapasitesini gösterir. Alan arttıkça tüketilen enerji de artar. Süneklik, bir kesitin taşıma kapasitesinde önemli bir düşme olmadan şekil değiştirme yapabilme özelliği olduğundan, FRP'li betonarme kirişlerin kontrol kirişine (B15) göre daha az sünek olduğu, başka bir ifadeyle gevrek davranış gösterdiği görülmektedir. Beton birim kısalma değerleri için elde edilen eğilme momenti-eğrilik grafiği sekiz doğru parçasından oluşmaktadır. Eğriyi ifade eden her bir doğru parçasının eğimi (örn: $tg\alpha_1$) kesitin maruz kalacağı eğilme momenti aralığındaki eğilme rijitliğini vermektedir.

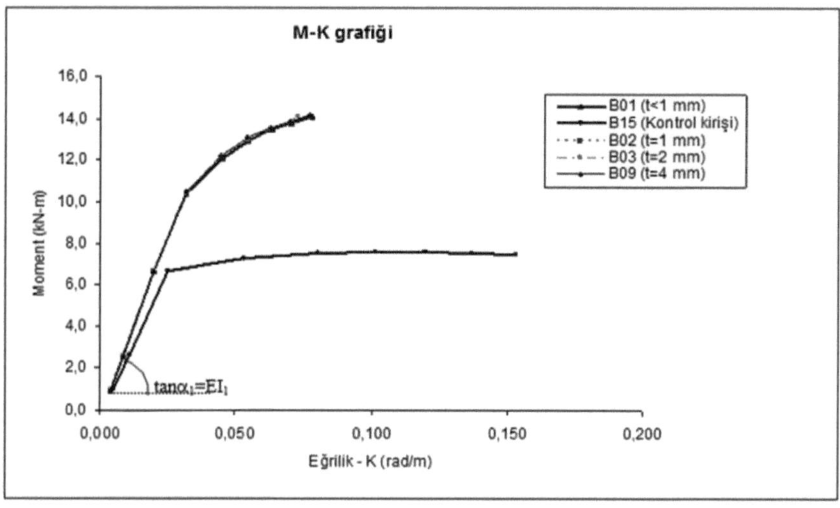

Şekil 4.55 M-K ilişkilerinin karşılaştırılması

Analitik çalışmadaki moment değerleri incelendiğinde, deneysel sonuçlara göre, betonarme kiriş için aynı sonuçlar elde edilirken, FRP'li betonarme kirişlerde, farklılık görülmektedir. Bu farkın nedeni, analitik çalışmada kullanılan beton modelinden kaynaklanmaktadır. FRP-Analysis programındaki moment değerlerinin ise, deneysel sonuçlarla uyum içinde olduğu anlaşılmaktadır. Bu itibarla, FRP-Analysis programındaki malzeme modelinin deneysel sonuçlar göz önüne alındığında, gerçek davranışı daha iyi yansıttığı görülmektedir. Bununla birlikte, moment-eğrilik grafiklerinin bulunmasındaki gayenin, FRP'nin betonarme kiriş davranışına etkilerini belirlemek olduğundan, değerler arasındaki uyumsuzluk, söz konusu amaca engel teşkil etmemiştir.

Referans kiriş, taşıma gücüne eriştikten sonra, her ne kadar eğilme rijitliği sıfıra yakın değerlere düşse de sabit eğilme momenti altında dönmeye devam edebilmektedir. Momentin artması ile birlikte taşıma gücüne erişildikçe eğilme rijitliğindeki azalmada hızlanmaktadır. FRP kullanımının, eğilme rijitliğini, eğrinin ilk kısmı göz önüne alındığında %25 oranında arttırdığı görülmektedir. Yapıştırıcı kalınlıklarındaki artışın, eğilme rijitliğinde önemli bir etkisi olmamakla birlikte, artışın olduğu grafikten anlaşılmaktadır. Program sonuçlarından, gerilme ve birim şekil değiştirme değerleri elde edilmiştir. Örnek olması amacıyla, B02 elemanı için kesit elemanlarında oluşan şekil değiştirme değerleri Tablo 4.5'te, gerilme değerleri ise, Tablo 4.6'da verilmiştir.

Tablo 4.5 Kesit elemanlarında oluşan birim şekil değiştirme değerleri *(kısalma (+) alınmıştır.)*

ε_c %(mm/mm)	FRP (mm/mm)	Çekme Donatısı (mm/mm)	Basınç Donatısı (mm/mm)	Tarafsız Eksen Mesafesi (mm) Alttan
0.025	-0.000321	-0.000202	0.000137	83.7
0.050	-0.000824	-0.000548	0.000238	92.7
0.100	-0.002032	-0.001400	0.000400	100.0
0.150	-0.003345	-0.002335	0.000541	103.1
0.200	-0.004820	-0.003399	0.000650	105.5
0.250	-0.005797	-0.004067	0.000858	104.3
0.300	-0.006562	-0.004569	0.001108	102.4
0.350	-0.007173	-0.004948	0.001388	100.3
0.400	-0.007752	-0.005302	0.001674	98.4

Tablo 4.6 Kesit elemanlarında oluşan gerilme değerleri *(basınç (+) alınmıştır.)*

ε_c %(mm/mm)	FRP (N/mm²)	Çekme Donatısı (N/mm²)	Basınç Donatısı (N/mm²)	Beton (N/mm²)	Tarafsız Eksen Mesafesi (mm) Alttan
0.025	-53.0	-40.5	27.4	7.1	83.7
0.050	-135.9	-109.6	47.6	13.2	92.7
0.100	-335.2	-280	80.0	22.9	100.0
0.150	-551.9	-420	108.3	29.1	103.1
0.200	-795.4	-420	130.1	31.7	105.5
0.250	-956.4	-420	171.6	30.9	104.3
0.300	-1082.8	-420	221.5	29.6	102.4
0.350	-1183.5	-420	277.6	28.4	100.3
0.400	-1279.0	-420	334.9	27.1	98.4

Tablo 4.5'ten, elemanın yüke maruz kalması sonucu FRP'de oluşan maksimum şekil değiştirmenin, FRP'nin % 1.7 olan kopma uzamasının (0.017) altında, 0.007752 değerinde kaldığı ve dolayısıyla kirişin FRP kopması sonucu göçmediği anlaşılmaktadır. Tablo 4.6'da, FRP'de oluşan maksimum gerilmelere bakıldığında, FRP'nin maksimum çekme gerilmesine

(3100 MPa) erişmediği ve çekme donatısının akma sınırına ulaştığı görülmektedir.

4.5 Deney Sonuçlarının Değerlendirilmesi

4.5.1 Genel

Bu çalışmada FRP ile güçlendirilen betonarme kirişlerde, FRP'nin betona uygulanması aşamasında, yapıştırıcı kalınlığının, yapıştırıcı türünün ve beton yüzeyindeki nemin, yapışma derecesine ve dolayısıyla yük taşıma kapasitesi ile şekil değiştirmeye olan etkisi araştırılmıştır. Ayrıca yapıştırıcı karakterinin de etkisi çalışma kapsamında incelenmiştir. Nem içeriği, betonarme kirişler ıslatılarak oluşturulmuştur. Yapışma anında beton yüzeyinin neme doygun olduğu bilinmektedir. Ayrıca, yapıştırıcı kalınlığı ve yapıştırıcı türü gibi diğer parametrelerin nem ile birlikte etkisi araştırılmıştır.

ANSYS analiz programıyla ile yapılan analizlerde deneysel çalışmada kullanılan elemanlar ve malzeme özellikleri kullanılarak, kayma gerilmesi ve normal gerilme değerleri teorik olarak hesaplanmış ve yapıştırıcı tabakadaki gerilme dağılımları grafiksel olarak gösterilmiştir.

Gerçekleştirilen deneysel çalışma ve ANSYS analiz programıyla yapılan analizlerden elde edilen sonuçların, yük-sehim ve taşıma güçleri yönünden değerlendirilmesi aşağıda verilmiştir.

4.5.2 P-δ İlişkilerinin Karşılaştırılması

FRP ile güçlendirilen betonarme kirişlerin yük taşıma kapasitelerinin belirtilen parametrelere bağlı olarak değiştiği gözlenmiştir. Literatürdeki modeller sadece FRP ve beton arasındaki şekil değiştirmeleri dikkate alan formüller yardımıyla geliştirilmiştir. Bu modeller, normal kuvvet, moment ve kesme kuvvetlerini dikkate alan bağıntılardan türetilmiştir. Ancak bu çalışmada nem içeriğinin şekil değiştirmeyi önemli ölçüde etkilediği anlaşılmaktadır. Şekil değiştirmeyi ifade eden bağıntı bu nedenle nemin etkisini de dâhil edecek şekilde modifiye edilerek yeniden belirlenmelidir.

Tablo 4.1'deki sonuçlara göre, FRP'li betonarme kirişlerin yük taşıma kapasiteleri referans kirişe göre yaklaşık üç kat artmıştır. Bu sonuç daha önce bu konu ile ilgili yapılmış çalışmaların sonuçlarına uymaktadır. Sikadur-30 ile gerçekleştirilen uygulamalarda, yapıştırıcı kalınlığı, yük taşıma kapasitesini önemli seviyelerde değiştirmediğinden, FRP'li betonarme kirişlerin yük taşıma kapasitelerinin, yapıştırıcı kalınlığından bağımsız olduğu ifade edilebilir. Ancak, şekil değiştirme kapasitesi, yapıştırıcı kalınlığı arttıkça bir miktar artmaktadır. Yapıştırıcı kalınlığının bu etkisi Sikadur-52 ile yapılan uygulamalarda *2 mm*'ye kadar belirgin değildir.

Kuru yüzey koşullarında, epoksi formülasyonunda agrega kullanılması şekil değiştirme kapasitesini azaltmıştır. Diğer açıdan, epoksi formülasyonunda agrega kullanımı yük taşıma kapasitesini arttırmıştır. *4 mm* yapıştırıcı kalınlığında Sikadur-30 ile beton kirişe yapıştırılan FRP'li kirişlerde nemin, yük taşıma kapasitesine olumsuz bir etkisi görülmemiştir. Ancak nemli kirişlere FRP yapıştırırken epoksi formülasyonunda agrega kullanılması yük taşıma kapasitesini bir miktar azaltmıştır. ANSYS ile gerçekleştirilen analiz sonuçları da, nemli yüzeye FRP uygulamasının arayüz kayma gerilmelerini azalttığını göstermektedir.

1 mm'den küçük ve *1 mm* yapıştırıcı kalınlıklarında nemli beton yüzeye yapıştırılan FRP'li betonarme kirişlerin yük taşıma kapasitesi önemli ölçüde değişmemektedir. Yapıştırıcı kalınlığının bu olumsuz etkisi *2 mm*'den sonra ortaya çıkmaktadır. Bu durumun, yüksek yapıştırıcı kalınlıklarında epoksi tarafından emilen su miktarının artarak, yapıştırıcının FRP ve betona yapışma özelliklerini değiştirdiği sonucuna varılabilir. Nemin bu olumsuz etkisi formülasyonda agrega kullanılarak giderilebilir. ANSYS programıyla ile yapılan analizlerde de arayüz kayma gerilmelerinin bir miktar arttığı görülmüştür.

Sikadur-30 veya Sikadur-52'nin kullanıldığı durumlarda elde edilen yük taşıma kapasiteleri aynı sonucu vermiştir (B03 ve B05). Bu kapsamda, çalışmada denenen her iki tür yapıştırıcı içinde benzer sonuçlar elde edilmiştir.

5. Tartışma ve Sonuç

İnşaat Mühendisliğinde güçlendirme uygulamaları özellikle yaşanan depremler sonrasında ön plana çıkmış ve buna bağlı olarak güçlendirme teknikleri konusunda günümüze kadar birçok gelişme süregelmiştir. Güçlendirme tekniklerinde, lif takviyeli plastiklerle (FRPs) yapılan güçlendirmeler onbeş yılı aşkın süredir yaygın bir yöntem olarak uygulanmaktadır. Bu çalışmada, FRP ile güçlendirilen betonarme kirişlerin davranışı incelenmiştir. Bu kapsamda, daha önce literatürde yer alan ve ilk defa kullanılan parametreler irdelenerek, kompozit elemanın gerçek davranışının belirlenmesi hedeflenmiştir.

Çalışma, deneysel çalışma ve sonlu eleman analizleri olmak üzere iki kısımdan oluşmuştur. Deneysel çalışmada üretilen onbeş adet betonarme kirişin bir tanesi referans kiriş olarak belirlenmiş, diğer kirişlere ise epoksi esaslı yapıştırıcıyla FRP takviyesi yapılmıştır. Uygulamada, beton yüzeyinin durumu, yapıştırıcı kalınlığı, yapıştırıcı türü gibi parametrelerin etkisini belirlemek amacıyla laboratuar ortamında eğilme deneyleri gerçekleştirilmiştir. Eğilme deneyinde, kiriş alt orta noktasına düşey yerdeğiştirme ölçer yerleştirilerek, deney süresince, bilgisayar kontrollü olarak izleme imkânı sağlanmıştır. Deneyler, değişik yapıştırıcı kalınlığı, yapıştırıcı türü ve beton yüzeyine sahip kirişler üzerinde uygulanmış ve sonuçta, kirişlerin nihai taşıma kapasiteleri, yük-sehim eğrileri elde edilmiş, karbon fiber levhanın ayrışma noktaları ve eğilme/kesme çatlaklarının yerleri belirlenmiştir. Deneysel çalışmada, beklendiği üzere, FRP'li betonarme kirişlerin eğilme etkisi altındaki taşıma kapasitesi artmış, sehim değerleri azalmış, çatlak sayısı ve genişlikleri üzerinde müspet bir etkisi olmuştur. İkinci aşama olarak, deneysel çalışmanın anlamlı olabilmesi ve tez çalışmasında amacın gerçekleşebilmesi için sonlu eleman analiz programı kullanılmıştır. Yazılım olarak, katı modellemenin yapılabildiği, üç boyutlu olarak eleman davranışının incelenebildiği (gerilme, şekil değiştirme vb.) ANSYS®WB analiz programı seçilmiştir. Programda, FRP'li betonarme kiriş, örnek bir deney elemanı alınarak, malzeme özelliklerinin girilmesiyle modellenmiştir. ANSYS'te, deneysel çalışmadan farklı olarak yapıştırıcıdan betona ve levhaya aktarılan gerilme transferi üç farklı davranış karakteri dikkate alınarak analizler gerçekleştirilmiştir. Literatürde mevcut deneysel çalışmalar göz önüne alındığında, deneysel çalışmada kullanılan kiriş sayısının, gerek deneysel çalışma sonuçlarının doğru yorumlanması, gerekse bilgisayar modelleri ve analizlerinin gerçeğe uygunluğu hakkında kesin bir yargıya varılması için yeterli olduğu düşünülmüştür. Böylece, ANSYS sonlu eleman programıyla değişik kompozit kesitler için analizler yapılarak, laboratuar ortamında mümkün olduğu kadarıyla deneyleri temsil ederek davranışın tahmin edilebilmesi amaçlanmıştır. Dolayısıyla davranış önceden kestirebileceğinden, zamandan tasarruf edilebileceği gibi konu bağlamında, gereksiz deney elemanları üretiminin önüne geçilmesi sağlanmış olunacaktır. Sonlu eleman analizi kullanılarak, deneysel sonuçlarla uyumluluğunun mukayeseli olarak irdelenmesiyle, kompozit eleman davranışının tüm yönleriyle ele alınarak araştırılması amaçlanmıştır. Ayrıca, betonarme kesitlerin gerilme-şekil değiştirme ve moment-eğrilik ilişkilerini belirlemek için geliştirilmiş olan bir programa, FRP ve yapıştırıcı kodları eklenerek, analizler yapılmış ve FRP'li betonarme kirişlerin gerilme, şekil değiştirme değerleri ve moment-eğrilik ilişkileri belirlenmiştir.

Betonarme kirişlerin lif takviyeli plastiklerle yüksüz olarak güçlendirilmesini kapsayan çalışma sonucunda elde edilen başlıca sonuçlar aşağıda belirtilmiştir :

- FRP'yi kirişe uygulamakta kullanılan, 1 mm den küçük ve 4 mm yapıştırıcı kalınlığı sehim açısından karşılaştırıldığında, kalınlıktaki artışın, sehimde %9 azalmaya neden olduğu, ayrıca, FRP kullanıldığı durumun, yalın kirişe göre sehim miktarını %50 oranında azalttığı, taşıma gücünü ise yaklaşık 3 katına kadar artırabildiği deneysel çalışmadan elde edilmiştir. Bu kapsamda, gerek yük-taşıma kapasitesi belirlenirken, gerekse tasarım aşamasında, yapıştırıcı kalınlıklarının dikkate alınması gerekmektedir. Bu durum, FRP miktarının yanında, yapıştırıcı kalınlıklarının da dikkate alınması gerektiğini göstermektedir.

- Çalışmada kullanılan yapıştırıcı kalınlıkları kapsamında, yapıştırıcı kalınlıklarının artırılması, normal gerilme ve kayma gerilme değerlerinde azalmaya yol açmaktadır. Mühendislik uygulamalarında, uygulanan yapıştırıcı kalınlığı küçük değerlere karşılık geldiğinden, yapıştırıcı tabaka kalınlığının etkisinin dikkate alınması gerektiği görülmektedir. Bu itibarla, uygulamalarda yapıştırıcı kalınlığının artırılması önerilmektedir.

- Beton yüzeyinin önemi, yapıştırıcıyla beton arasında bağ kuvveti açısından önemli olmaktadır. Beton yüzeyinin şartları karşılaştırıldığında, nemli yüzeyin kuru yüzeye göre, yük taşıma kapasitesinde, % 4 oranında az olduğu, sehimde ise, %8 oranında artış olduğu saptanmıştır. Elde edilen sonucun, uygulamada dikkate alınması gerekliliği yanında, matematiksel bir modelde kullanılacak bir parametre olması açısından da önemli olmaktadır.

- Kullanılan iki yapıştırıcı türüne (Sikadur 30 ve Sikadur 52) göre karşılaştırma yapıldığında, yük taşıma kapasitesi ve sehim değerlerinde, sırasıyla, %1.2 ve %4 oranında fark olduğu görülmüştür. Bu kapsamda, belirgin farkın olmaması yapıştırıcı türünde bir öneriye gerek olmadığını göstermektedir. Bunun yanında, yoğun kıvama sahip olan Sikadur 30 yapıştırıcısı, uygulama kolaylığı açısından avantaja sahiptir.

- Beton ve yapıştırıcı arasındaki gerilmeler, yapıştırıcı-beton arasındaki bağ kuvvetini aştığında, plaka uç bölgesinde ayrışmaya neden olmaktadır. FRP'li betonarme kirişlerde, nümerik analizlerden elde edilen gerilme konturları incelendiğinde, en kritik bölge, plaka uçları olmaktadır. Bu itibarla, karbon lifin betondan ayrışmasına neden olan yük seviyelerinin tasarımda dikkate alınması gerekmektedir.

- Betonarme kirişlerde FRP kullanılmasının eğilme rijitliğini artırdığı, moment eğrilik (M-K) ilişkilerinden saptanmıştır. Buna karşın, FRP'li kirişlerin M-K ilişkileri irdelendiğinde, FPR'nin, kompozit eleman davranışını sünek davranıştan uzaklaştırıp gevrek davranış göstermesine ve dolayısıyla ani göçmelere sebebiyet verebileceği çalışma sonuçlarından elde edilmiştir. Bu durumda, kullanılacak FRP miktarının tasarım aşamasında göz önünde bulundurulması gerekmektedir.

- Yapıştırıcıdan levhaya ve betona aktarılan gerilmenin lineer, doğrusal olmayan ve elasto-plastik olduğu durumlara göre analizler gerçekleştirildiğinde, doğrusal olmayan gerilme transfer durumunun kayma gerilmelerinde en büyük değerlere sahip olduğu görülürken, elasto-plastik durumda, en küçük kayma gerilme değerleri elde edilmiştir. Yapıştırıcıda, elasto-plastik kabulün deneysel çalışmalarla karşılaştırıldığında, en yakın değerler verdiği tespit edilmiştir.

Deneysel çalışma ve sonlu eleman analizleri ile elde edilen sonuçlar göz önüne alınarak, araştırma ve uygulama önerileri aşağıda sıralanmıştır:

- Eğilme etkisine karşı güçlendirilmiş betonarme kirişlerin tekrarlı yükler altında davranış ve dayanımları incelenmelidir.

- FRP'nin, yük altındaki taşıyıcı elemana uygulanarak kompozit elemanın davranışları irdelenmelidir.

- FRP şeritler betonarme kirişe yapıştırılırken yüzey özellikleri önem arz etmektedir. Yüzeyler temiz, pürüzsüz olarak hazırlanmalıdır. Aksi halde, yapışma mukavemeti beklenenden daha düşük çıkacak ve taşıma kapasitesinde beklenmeyen kayıplar olacaktır.

- Kompozit elemanın şekil değiştirme ifadesine, beton yüzeyinin nemli olduğu durumun etkisi ve yapıştırıcının beton ve FRP'ye transfer karakteri de katılarak geliştirilmeli ve yük taşıma kapasitesini veren bağıntılar analitik olarak yeniden elde edilmelidir.

- Güçlendirilmiş betonarme kirişlerin yükleme sonucu kesme etkisinden dolayı göçmemesi için, gerekli hesapların yapılarak, kesme kapasitelerinin yeterli olması sağlanmalıdır.

- FRP'nin mesnete olan uzaklığının ve genişliğinin kirişin taşıma gücüne etkilerinin belirlenmesi gerekmektedir.

Kullanılan çözüm yollarının değiştirilmesi suretiyle daha gerçekçi sonuçlara ulaşılması, sonraki yapılacak çalışmalar için hedef teşkil etmektedir.

Kaynaklar

[1] Yang J., Ye J. & Niu Z. (2008), "Simplified Solutions for the Stress Transfer in Concrete Beams Bonded with FRP Plates" Engineering Structures 30, 533-45.

[2] Yang J. & Ye J. (2005), "Closed-form Rigorous Solution for the Interfacial Stresses in Plated Beams using a Two-Stage Method. In: Proceedings of The International Symposium on Bond Behaviour of FRP in Structures" p.175-82.

[3] Wang Y.C., Lee M.G & Chen B.C (2007), "Experimental Study of FRP-Strengthened RC Bridge Girders Subjected to Fatique Loading" Composite Structures 81, 491-98.

[4] Casas J.R. & Pascual J. (2007), "Debonding of FRP in Bending : Simplified Model and Experimental Validation", Construction and Building Materials 21, 1940-49.

[5] Rougier V.C. & Luccioni B.M. (2007), "Numerical Assessment of FRP Retrofitting Systems for Reinforced Concrete Elements" Engineering Structures 29, 1664-75.

[6] Gheorghiu C., Labossiere P. & Proulx J. (2007), "Response of CFRP-Strengthened Beams under Fatique with Different Load Amplitudes", Construction and Building Materials, 21, 756-63.

[7] Rabinovitch, O. (2005), "Bending Behaviour of Reinforced Concrete Beams Strengthened with Composite Materials using Inelastic and Nonlinear Adhesives", ASCE, Journal of Structural Engineering, 131, 1580-92.

[8] Masoud S. & Soudki K. (2006), "Evaluation of Corrosion Activity in FRP Repaired RC Beams", Cement & Concrete Composites, 28, 969-77.

[9] De Lorenzis L., Teng J.G. & Zhang L. (2006), "Interfacial Stresses in Curved Members Bonded with a Thin Plate", International Journal of Solids and Structures, 43, 7501-17.

[10] Teng J.G., Yuan H. & Chen J.F (2005), "FRP-to-Concrete Interfaces between two Adjacent Cracks : Theoretical Model for Debonding Failure", International Journal of Solids and Structures, 43, 5750-78.

[11] Wang J., (2006), "Debonding of FRP-Plated Reinforced Concrete Beam, A Bond-Slip Analysis I : Theoretical Formulation", International Journal of Solids and Structures, 43, 6649-64.

[12] Gao B., Leung C.K.Y. & Kim J.K. (2005), "Prediction of Concrete Cover Separation Failure for RC Beams Strengthened with CFRP Strips", Engineering Structures, 27, 177-89.

[13] Jianzhuang X., Li J. & Quanfan Z. (2004), "Experimental Study on Bond Behaviour between FRP and Concrete", Construction and Building Materials, 18, 745-52.

[14] Lee H.K. & Hausmann L.R. (2004), "Structural Repair and Strengthening of Damaged RC Beams with Sprayed FRP", Composite Structures, 63, 201-9.

[15] Wu Z.J. & Davies J.M. (2003), "Mechanical Analysis of a Cracked Beam Reinforced with an External FRP Plate", Composite Structures, 62, 139-43.

[16] Chen J.F. & Teng J.G. (2003), "Shear Capacity of FRP-Strengthened RC Beams: FRP Debonding ", Construction and Building Materials, 17, 27-41.

[17] Pesic N. & Pilakoutas K. (2003), "Concrete Beams with Externally Bonded Flexural FRP-Reinforcement : Analytical Investigation of Debonding Failure", Composites: Part B 34, 327-38.

[18] Smith S.T. & Teng J.G. (2002), "FRP-Strengthened RC Beams. I: Review of Debonding Strength Models", Engineering Structures, 24, 385-95.

[19] Smith S.T. & Teng J.G. (2002), "FRP-Strengthened RC Beams. II: Assessment of Debonding Strength Models", Engineering Structures, 24(4), 397- 417.

[20] Ferreira A.J.M., Camanho P.P., Marques A.T. & Fernandes A.A. (2001), "Modelling of Concrete Beams Reinforced with FRP Re-bars", Composite Structures, 53, 107-16.

[21] Smith S.T. & Teng J.G. (2001), "Interfacial Stresses in Plated Beams", Engineering Structures, 23, 857-71.

[22] Khalifa A. & Nanni A. (2000), "Improving Shear Capacity of Existing RC T-Section Beams using CFRP Composites", Cement & Concrete Composites, 22, 165-74.

[23] Alsayed S.H. (1998), "Flexural Behaviour of Concrete Beams Reinforced with GFRP Bars", Cement & Concrete Composites, 20, 1-11.

[24] Tounsi A. & Benyoucef S. (2007), "Interfacial Stresses in Externally FRP-Plated Concrete Beams" , International Journal of Adhesion & Adhesives, 27, 207-15.

[25] Tounsi A., Daouadji T.H., Benyoucef S. & Adda bedia E.A. (2009), "Interfacial Stresses in FRP-Plated RC Beams : Effect of Adherend Shear Deformations", International Journal of Adhesion & Adhesives, 29, 343-351.

[26] Benyoucef S., Tounsi A., Adda bedia E.A. & Meftah S.A. (2007), " Creep and Shrinkage Effect on Adhesive Stresses in RC Beams Strengthened with Composite Laminates", Composites Science and Technology, 67, 933-942.

[27] Ye J.Q. (2001), "Interfacial Shear Transfer of RC Beams Strengthened by Bonded Composite Plates", Cement & Concrete Composites, 23, 411-17.

[28] Park R. (1975), "Reinforced Concrete Structures", New York; Wiley.

[29] Malek A.M, Saadatmanesh H. & Ehsani M.R. (1996), "Shear and Normal Stress Concentration in RC Beams Strengthened with FRP Plates", In: Proc. Adv Composite Mat. Bridges Struct. Montreal; p.629-37.

[30] Varastehpour H. & Hamelin P. (1997), "Strengthening of Concrete Beams using Fiber-Reinforced Plastics", Materials and Structures, 30, 160-6.

[31] Saadatmanesh H. & Malek A.M. (1998), "Design Guidelines for Flexural Strengthening of RC Beams with FRP Plates", Journal of Composites for Construction, ASCE 2(4), 158–64.

[32] Wang C.Y. & Ling F.S. (1998), "Prediction Model for the Debonding Failure of Cracked RC Beams with Externally Bonded FRP Sheets", In: Proceedings of the Second International Conference of Composites in Infrastructure (ICCI), Arizona, USA, 548–562.

[33] Ahmed O. & Van Gemert D. (1999), "Effect of Longitudinal Carbon Fiber Reinforced Plastic Laminates on Shear Capacity of Reinforced Concrete Beams", In: Dolan CW, Rizkalla SH, Nanni A, editors. Proceedings of the Fourth International Symposium on Fiber Reinforced Polymer Reinforcement for Reinforced Concrete Structures. Maryland, 933–43.

[34] Tumialan G., Belarbi A. & Nanni A. (1999), "Reinforced Concrete Beams Strengthened with CFRP Composites: Failure due to Concrete Cover Delamination", Department of Civil Engineering, Center for Infrastructure Engineering Studies, Report No.CIES-99/01, University of Missouri-Rolla,USA.

[35] Raoof M. & Hassanen M.A.H. (2000), "Peeling Failure of Reinforced Concrete Beams with Fibre-Reinforced Plastic or Steel Plates Glued to their Soffits", Proceedings of the Institution of Civil Engineers: Structures and Buildings, 140(3), 291–305.

[36] Oehlers D.J. (1992), "Reinforced Concrete Beams with Plates Glued to their Soffits", Journal of Structural Engineering, ASCE, 118(8), 2023–38.

[37] Ziraba Y.N., Baluch M.H., Basunbul I.A., Sharif A.M., Azad A.K. & Al-Sulaimani G.J. (1994), "Guidelines towards the Design of Reinforced Concrete Beams with External Plates", ACI Structural Journal, 91(6), 639–46.

[38] Jansze W. (1997), "Strengthening of RC Members in Bending by Externally Bonded Steel Plates", PhD Thesis, Delft University of Technology, Delft.

[39] Raoof M. & Zhang S. (1997), "An Insight into the Structural Behaviour of Reinforced Concrete Beams with Externally Bonded Plates", Proceedings of the Institution of Civil Engineers: Structures and Buildings, 122, 477–92.

[40] Oehlers D.J. & Moran J.P. (1990), "Premature Failure of Externally Plated Reinforced Concrete Beams", Journal of Structural Eng., ASCE 116(4), 978–95.

[41] AS 3600 (1988), "Concrete Structures", Standards Australia, Sydney, Australia.

[42] Malek A.M., Saadatmanesh H., & Ehsani M.R. (1998), "Prediction of Failure Load of R/C Beams Strengthened with FRP Plate due to Stress Concentration at the Plate End", ACI Structural Journal, 95(1), 142–52.

[43] Tumialan G., Belarbi A. & Nanni A. (1999), "Reinforced Concrete Beams Strengthened with CFRP Composites: Failure due to Concrete Cover Delamination", Department of Civil Engineering, Center For Infrastructure Engineering Studies, Report No.CIES-99/01,University of Missouri-Rolla, USA.

[44] Vilnay O. (1988), "The Analysis of Reinforced Concrete Beams Strengthened by Epoxy Bonded Steel Plates", Int Journal of Cement Composites and Lightweight Concrete, 10(2),73–8.

[45] Liu Z. & Zhu B. (1994), "Analytical Solutions For R/C Beams Strengthened by Externally Bonded Steel Plates", Journal of Tongji Univ, Chinese, 22(1), 21– 6.

[46] Taljsten B. (1997), "Strengthening of Beams by Plate Bonding", Journal of Materials in Civil Engineering, ASCE 9(4), 206–12.

[47] Roberts T.M. (1989), "Approximate Analysis of Shear and Normal Stress Concentrations in the Adhesive Layer of Plated RC Beams", The Structural Engineering, 67(12), 229–33.

[48] Roberts T.M. & Haji-Kazemi H. (1989), "Theoretical Study of the Behaviour of Reinforced Concrete Beams Strengthened by Externally Bonded Steel Plates", Proceedings of the Institution of Civil Engineers, Part 2, 87, 39–55.

[49] Rabinovitch O. & Frostig Y. (2000), "Closed-Form High-order Analysis of RC Beams Strengthened with FRP Strips" J. Compos. Constr. 4(2), 65-74.

[50] Durmuş A. & Hüsem M. (2000), "Şekil Değiştirme Ölçerleri", Ocak, KTÜ, MMF, 57.

[51] Moaveni S. (1999), "Finite Element Analysis, Theory and Applications with ANSYS", Bill Stenquinst, Prentice Hall Inc., New Jersey.

[52] Arnesen A., Sorensen S.L. & Bergan P.G. (1979), "Nonlinear Finite Element Analysis of Concrete Structures", Computer Methods in Applied Mechanics and Engineering, 17, pp. 443-67.

[53] Chen W.F. (1982), "Plasticity in Reinforced Concrete", McGraw Hill, Newyork.

[54] Kwak H.G. & Filippou F.C. (1990), "Finite Element Analysis of Reinforced Concrete Structures Under Monotonics Loads", UCB/SEMM-90/14, 13-37.

[55] Ashour A.F. & Morley C.T. (1993), "Three Dimensional Nonlinear Finite Element Modeling of Reinforced Concrete Structures", Finite Element in Analysis and Design, 15, 43-55.

[56] Chan H.C., Cheung Y.K. & Huang Y.P. (1994), "Nonlinear Modeling of Reinforced Concrete Structures", Computers & Structures, 53(5), 1099-1107.

[57] Yozgat U. (2007), "Eksenel Yüklü Kare Kesitli Betonarme Kolonların Sonlu Elemanlar Yöntemi ile Nonlineer Analizi", Gazi Üniversitesi, F.B.E

[58] William K.J. & Warnke E.P. (1974), "Constitutive Model for the Tri-axial Behaviour of Concrete", IABSE, Report No.19, Bergamo, 1-30.

[59] Washizu K. (1974), "Variational Methods in Elasticity and Plasticity", 2nd Edition, Pergamon, Oxford.

[60] FRP-Analysis Program, (2001), "A Software for the Design with Sika CarboDur Composite Strengthening Systems to increase the Flexural, Shear and Confinement Strength of Reinforced Concrete Structures", Based on the fib Bulletin 14, Department of Civil Engineering, University of Patras, Greece.

[61] Eurocode 2, (1993), "Concrete Structures Code", Eurocode for the Design of Structures.

[62] Ersoy U. & Özcebe G. (2001), "Betonarme: Temel İlkeler, TS500-2000 ve Türk Deprem Yönetmeliğine (1998) Göre Hesap", Evrim Yayınevi.

[63] Ersoy U. & Özcebe G. (1998), "Sarılmış Betonarme Kesitlerde Moment-Eğrilik İlişkisi : Analitik Bir İrdeleme", Teknik Dergi, Cilt 9, Sayı 4, 1799-1827.

[64] Damcı E. (2008), "Yapıların Doğrusal Olmayan Çözümlenmesi ve Deprem Performansları", İ.Ü. F.B.E, Yapı Anabilim Dalı, Doktora Tezi.

[65] Aiello M.A. Leone M., Aniskevich, A.N. & Starkova O.A. (2006), "Moisture Effects on Elastic and Viscoelastic properties of CFRP Rebars and Vinylester Binder", ASCE, Journal of Materials in Civil Engineering , 18:5, 686-691.

EKLER

Ek-A

FRP Kompozit Sistemleriyle Yapısal Güçlendirme

FRP Kompozit Sistemleriyle Yapısal Güçlendirme

A.1 Kullanılan Malzemeler

Hassas malzeme özelliklerine sahip karbon fiber donatılı plakalar, yaygın olarak köprüler, kirişler, döşeme veya duvarlar gibi dinamik ve statik yüklü yapıların eğilmede güçlendirilmesi için kullanılır (Şekil A.1- Şekil A.2)

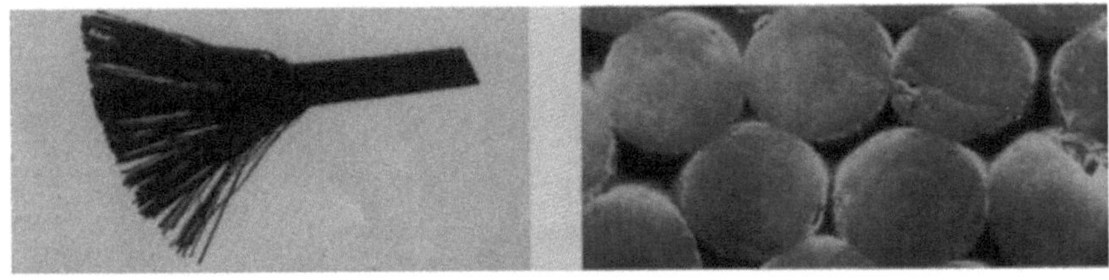

Şekil A.1 (a) CFRP plakalar (b) CFRP plakalarda karbon fiberler

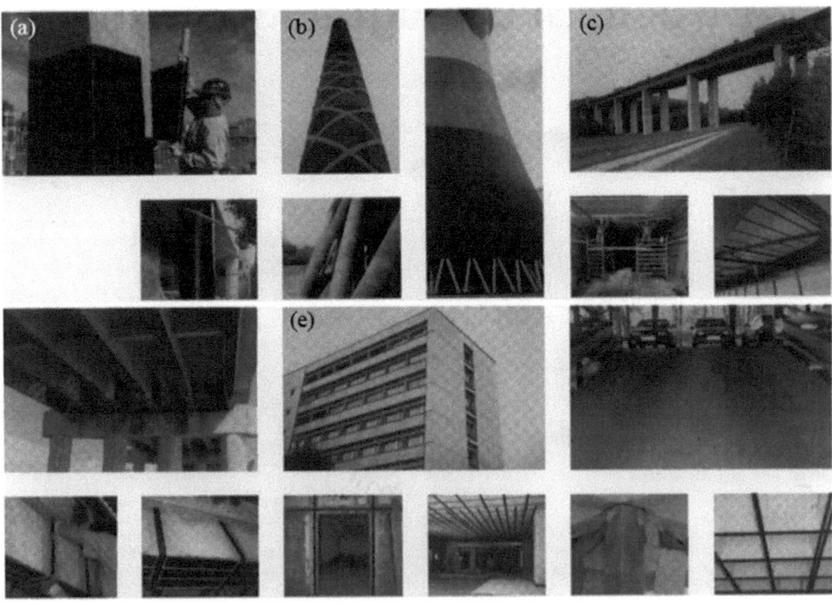

Şekil A.2 (a) Kolonlar (b) Silolar / Bacalar / Kuleler (c) Köprü Tabliyeleri (d) Kirişler (e) Binalar (f) Otopark yapıları

A.2 Güçlendirme İhtiyacı Doğuran Sebepler

- Düşük kaliteli ve uygun olmayan malzeme kullanımına bağlı olarak ortaya çıkan dayanıklılık problemleri
- Proje veya yapım kusurları
- Tasarım sırasında iyi irdelenmemiş ortamlar
- Kullanım amacı değişikliğine bağlı oluşan yük artışları
- İstisnai veya kaza sonucu oluşan yükler

A.3 Yapısal Uygulamalar

FRP, inşaat mühendisliğindeki yapılarda pek çok ihtiyacı karşılayabilecek güçlendirme malzemelerinden oluşmaktadır. Kullanım amacı veya yükleme durum değişiklikleri, yapısal sistemin modifikasyonu, sismik olarak riskli bölgelerdeki yapıların tamiri veya güçlendirilmesi için kullanılabilir.

A.3.1 Sarma Uygulamaları

Sarma uygulamaları genelde basınç altındaki elemanların yük taşıma kapasitelerini arttırmak veya sismik güçlendirme durumlarında sünekliğin arttırılması amacıyla uygulanmaktadır. (Şekil A.3a)

A.3.2 Kesme Bölgesinde Güçlendirme Uygulamaları

Karbon fiberin bükülgen yapısı, betonarme kiriş ve kolonlarda karşılaşılabilen düzensiz kesitlerde uygulama rahatlığı sağlamaktadır. Yüksek modüllü karbon fiber elyafların kesme bölgesinde ve CFRP plakaların eğilme bölgesinde kullanılmasıyla kombine bir sistem oluşturulabilir. (Şekil A.3b)

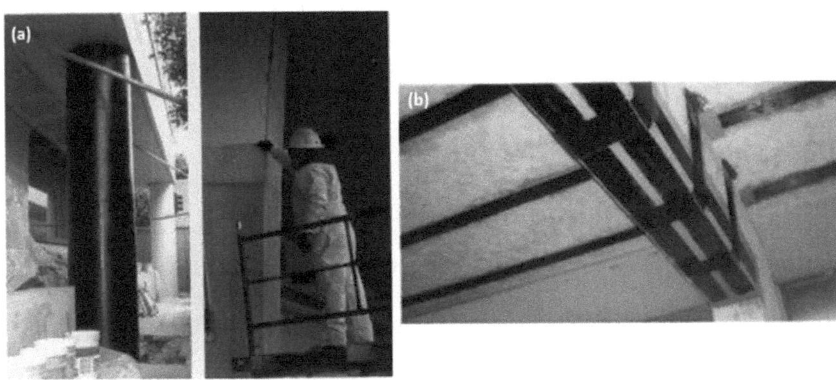

Şekil A.3 (a) Sarma uygulamaları (b) Kesme bölgesi güçlendirme uygulaması

A.3.3 Çarpma Dayanımının Arttırılması Uygulamaları

Elyaflar, araç çarpmasından kaynaklanan yüksek enerjileri sönümleyebilir ve böylece bir kolonu göçmeden koruyabilir. (Şekil A.4)

Şekil A.4 Çarpma dayanımı için kolonda yapılan uygulama

A.3.4 Sismik Güçlendirme

Burada, yukarıda belirtilen uygulamaların bir birleşimi söz konusudur. Örnek olarak, köprü kolonlarının bir sismik olay esnasında erken göçmesini önlemek için sarma uygulamalarıdır. (Şekil A.5a)

A.3.5 Eğilmede Güçlendirme

Yapısal elemanlar eğilme bölgesinde çelik plaka veya CFRP elemanlarıyla güçlendirilebilir. (Şekil A.5b)

Şekil A.5 (a) Köprü kolonuna sismik güçlendirme uygulaması (b) Eğilme güçlendirmesi

A.4 Güçlendirme Uygulamalarına Örnekler

Şekil A.6 Karbon fiber mantolar kullanılarak betonarme kiriş kolon birleşimlerinin güçlendirilmesi

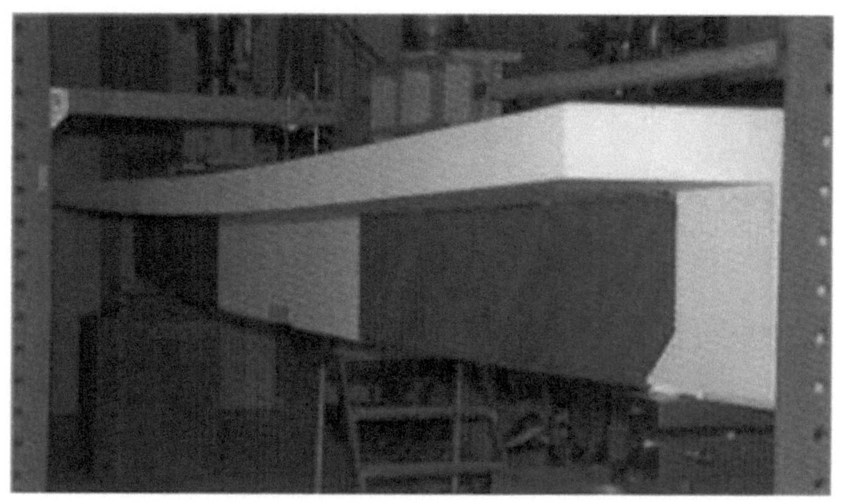

Şekil A.7 Kesme bölgesinde takviye

Şekil A.8 Korozyon hasarına uğramış betonarme kolonların sismik olarak güçlendirilmesi

Şekil A.9 Yığma duvarların elyaflarla yüzeyden takviyesi

Şekil A.10 Sismik yükler altında onarım güçlendirme uygulamalarında karbon fiber takviyeli polimerler (CFRPs)

A.5 FRP Tasarımında Kullanılan Standartlar

Güçlendirilecek yapıların tasarımı uluslararası standartlar kullanılarak yapılmaktadır :

- Betonarme yapılar için dıştan yapıştırmalı lif takviyeli polimer donatıların tasarım ve kullanımı *(FIB, Design and use of externally bonded fiber reinforced polymer reinforcement (EBRFRP) for reinforced concrete structures. Fédéreration Internationale du béton)*
- Betonarme yapılar için FRP *(FIB, Task Group 9.3 FRP-fiber reinforced polymer-reinforcement for concrete structures. Fédéreration Internationale du béton)*
- Betonarme yapıların güçlendirilmesi için dıştan yapıştırmalı FRP sistemlerin tasarım ve uygulaması ACI, Amerikan Beton Enstitüsü *(ACI 420.2R-02, 2002, Guide for Design and Construction of Externally Bonded FRP Systems for Strengthening Concrete Structures. American Concrete Institute, Farmington Hills, MI 48333-9094)*

Ek-B

Mevcut Bir Çalışmanın [22], Arayüz Gerilmeleriyle İlgili Analitik Kısmı

B.1 Arayüz Kayma Gerilmeleri: Bünye Diferansiyel Denklemlerinin Çıkarılması

FRP'li kirişin genel görünümü ve kesiti Şekil B.1'de görülmektedir. Plakalı kirişin diferansiyel kısmı Şekil B.2'de gösterilmiştir. Burada, kayma ve normal gerilmeler sırasıyla $\tau(x)$ ve $\sigma(x)$ olarak verilmiştir. Şekil B.2 aynı zamanda, eğilme momenti, kayma kuvveti ve eksenel kuvvet için pozitif işaret kuralını da vermektedir. Yapıştırıcı tabakadaki kayma deformasyonu, γ :

$$\gamma = \frac{du(x,y)}{dy} + \frac{dv(x,y)}{dx} \qquad \text{(B.1)}$$

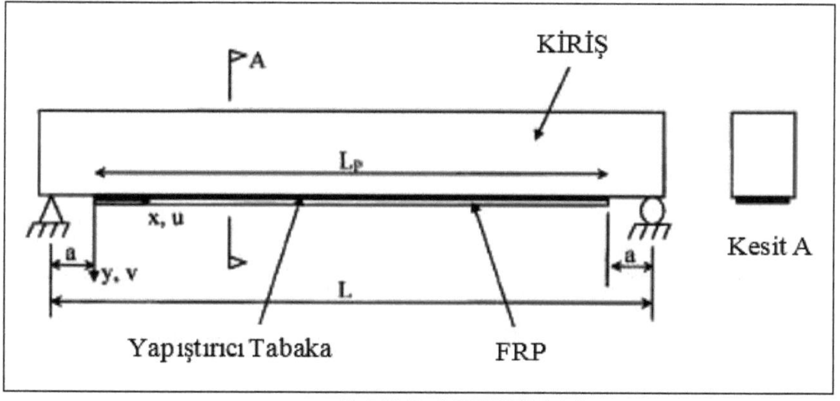

Şekil B.1 FRP'li kiriş

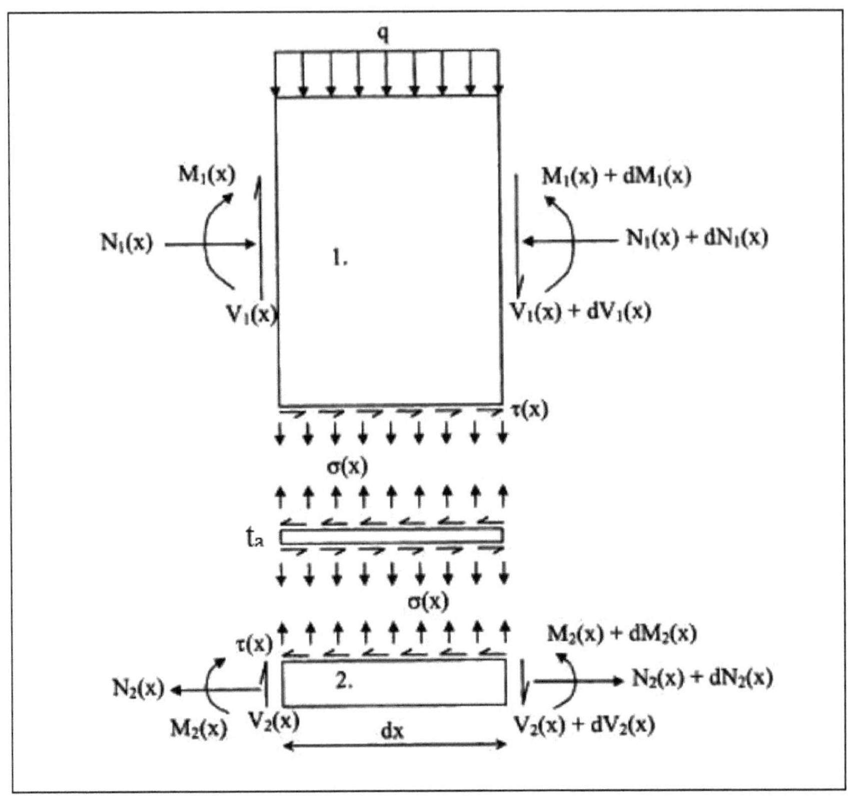

Şekil B.2 Plakalı kirişin diferansiyel kısmı

Burada, *u(x,y)* ve *v(x,y)* Şekil B.2'de belirtilen yapıştırıcı tabakanın herhangi bir noktasındaki yatay ve düşey yer değiştirmeleridir. Buna karşılık gelen, kayma gerilmesi,

$$\tau(x) = G_a\left(\frac{du(x,y)}{dy} + \frac{dv(x,y)}{dx}\right) \qquad \text{(B.2)}$$

Burada, G_a yapıştırıcı tabakanın kayma modülüdür. Yukarıdaki ifadenin *x*'e göre türevi,

$$\frac{d\tau(x)}{dx} = G_a \left(\frac{d^2u(x,y)}{dxdy} + \frac{d^2v(x,y)}{dx^2} \right) \quad \text{(B.3)}$$

Diferansiyel elemanın eğriliği, uygulanan $M_T(x)$ momenti ile ilgilidir.

$$\frac{d^2v(x)}{dx^2} = -\frac{1}{(EI)_t} M_T(x) \quad \text{(B.4)}$$

Burada, $(EI)_t$, kiriş ve plaka arasındaki kısmi etkileşimi dikkate alınan kompozit kesitin toplam eğilme rijitliğidir. Yapıştırıcı tabakanın, üniform kayma gerilmesine maruz kaldığı kabul edilmiş ve böylece, $u(x,y)$, yapıştırıcı kalınlığı, t_a boyunca lineer olarak değişecektir. Bu durumda,

$$\frac{du}{dy} = \frac{1}{t_a}\left[u_2(x) - u_1(x)\right] \quad \text{(B.5)}$$

ve türevi alınırsa,

$$\frac{d^2u(x,y)}{dxdy} = \frac{1}{t_a}\left(\frac{du_2(x)}{dx} - \frac{du_1(x)}{dx} \right) \quad \text{(B.6)}$$

olacaktır. Burada, $u_1(x)$ ve $u_2(x)$ sırasıyla, kirişin altı ve plakanın üstünde boyuna yer değiştirmeler ve t_a yapıştırıcı tabakanın kalınlığıdır. Bu durumda, Dnk. B.3 yeniden düzenlenecek olursa,

$$\frac{d\tau(x)}{dx} = \frac{G_a}{t_a}\left(\frac{du_2(x)}{dx} - \frac{du_1(x)}{dx} - \frac{t_a}{(EI)_t} M_T(x) \right) \quad \text{(B.7)}$$

$(EI)_t$'nin hesaplanmasında, arayüz kayma gerilmeleri dikkate alınmalıdır, ama çözüm daha karmaşık hale gelecektir. Dnk. B.7'de parantez içindeki terim çok küçük olduğundan ihmal edilmiştir.

Üç bileşen dikkate alınmalıdır. Bunlar eksenel kuvvet, eğilme ve kayma deformasyonlarıdır. Kirişin alt noktası ve plaka üst noktasında oluşan deformasyonlar,

$$\varepsilon_1(x) = \frac{du_1}{dx} = \frac{y_1}{E_1 I_1} M_1(x) - \frac{1}{E_1 A_1} N_1(x) + \frac{y_1}{G_1 \alpha A_1} [q + b_2 \sigma(x)] \qquad \text{(B.8)}$$

ve

$$\varepsilon_2(x) = \frac{du_2}{dx} = \frac{y_2}{E_2 I_2} M_2(x) - \frac{1}{E_2 A_2} N_2(x) + \frac{y_2}{G_2 \alpha A_2} b_2 \sigma(x) \qquad \text{(B.9)}$$

olacaktır. Burada, *E* elastisite modülü, *G* kayma modülü, b_2 plakanın genişliği, *A* enkesit alanı, *I*, atalet momenti ve α etkin kayma alanı çarpanı, ki dikdörtgen kesit için 5/6'ya eşittir. 1 ve 2 alt simgeleri, sırasıyla, kiriş ve plakayı göstermektedir. y_1 ve y_2 kirişin tabanında ve plakanın üstünden kendi merkezlerine olan mesafe iken, *M(x)*, *N(x)* ve *V(x)* kiriş ve plakanın her birindeki eğilme momenti, eksenel ve kayma kuvvetlerini göstermektedir :

Yatay denge düşünüldüğünde,

$$\frac{dN_1(x)}{dx} = \frac{dN_2(x)}{dx} = b_2 \tau(x) \qquad \text{(B.10)}$$

Burada,

$$N_1(x) = N_2(x) = N(x) = b_2 \int_0^x \tau(x)dx \qquad (B.11)$$

olacaktır. Kiriş ve plakanın eğriliğinin eşit olduğu farz edilirse, iki elemandaki momentler arasındaki ilişki,

$$R = \frac{E_1 I_1}{E_2 I_2} \qquad (B.12)$$

olmak üzere,

$$M_1(x) = RM_2(x) \qquad (B.13)$$

olacaktır. Şekil B.1'de görülen plakalı kirişin diferansiyel kısmının moment dengesi,

$$M_T(x) = M_1(x) + M_2(x) + N(x)(y_1 + y_2 + t_a) \qquad (B.14)$$

olurken, her bir elemandaki eğilme momenti, toplam uygulanan moment ve arayüz kayma gerilmesinin toplam bir fonksiyonu olarak ifade edilir :

$$M_1(x) = \frac{R}{(R+1)}\left[M_T(x) + b_2 \int_0^x \tau(x)(y_1 + y_2 + t_a)dx\right] \qquad (B.15)$$

ve

$$M_2(x) = \frac{1}{(R+1)}\left[M_T(x) + b_2 \int_0^x \tau(x)(y_1 + y_2 + t_a)dx\right] \qquad (B.16)$$

Her bir elemanda (kiriş, plaka) eğilme momentinin ilk türevi,

$$\frac{dM_1(x)}{dx} = V_1(x) = \frac{R}{(R+1)}\left[V_T(x) - b_2\tau(x)(y_1 + y_2 + t_a)\right] \qquad \text{(B.17)}$$

ve

$$\frac{dM_2(x)}{dx} = V_2(x) = \frac{1}{(R+1)}\left[V_T(x) - b_2\tau(x)(y_1 + y_2 + t_a)\right] \qquad \text{(B.18)}$$

olacaktır. Dnk. B.8 ve Dnk. B.9, Dnk. B.7'de yerine yazılırsa, elde edilen denklemin diferansiyeli,

$$\frac{d^2\tau(x)}{dx^2} = \frac{G_a}{t_a}\left(\begin{array}{l} -\frac{y_2}{E_2I_2}\cdot\frac{dM_2(x)}{dx} + \frac{1}{E_2A_2}\cdot\frac{dN_2(x)}{dx} + \frac{y_2}{G_2\alpha A_2}b_2\frac{d\sigma(x)}{dx} - \\ -\frac{y_1}{E_1I_1}\cdot\frac{dM_1(x)}{dx} + \frac{1}{E_1A_1}\cdot\frac{dN_1(x)}{dx} - \frac{y_1}{G_1\alpha A_1 dx}\cdot\frac{dq}{dx} - \frac{y_1}{G_1\alpha A_1}b_2\frac{d\sigma(x)}{dx} \end{array}\right) \qquad \text{(B.19)}$$

olacaktır. Her iki elemanda oluşan kayma kuvvetleri (Dnk. B.17 ve Dnk. B.18) ve eksenel kuvvetler (Dnk. B.11), Dnk. B.19'da yerleştirilirse, arayüz kayma gerilmeleri için, bünye diferansiyel denklemi elde edilecektir :

$$\frac{d^2\tau(x)}{dx^2} - \frac{G_ab_2}{t_a}\left(\frac{(y_1+y_2)(y_1+y_2+t_a)}{E_1I_1+E_2I_2} + \frac{1}{E_1I_1} + \frac{1}{E_2I_2}\right)\tau(x) \qquad \text{(B.20)}$$

$$= -\frac{G_a}{t_a}\left(\frac{y_1+y_2}{E_1I_1+E_2I_2}\right)V_T(x) - \frac{G_a}{t_a}\cdot\frac{y_1}{G_1\alpha A_1}\cdot\frac{dq}{dx} - \frac{G_ab_2}{\alpha t_a}\left(\frac{y_1}{G_1A_1} - \frac{y_2}{G_2A_2}\right)\frac{d\sigma(x)}{dx}$$

B.2 Arayüz Normal Gerilmeleri: Bünye Diferansiyel Denklemlerinin Çıkarılması

Arayüz normal gerilmeler için bünye diferansiyel denklemlerinin elde edilmesi bu kısımda incelenecektir. Kirişe yük uygulandığında, kiriş ve plaka arasında düşey ayrışma oluşacaktır. Bu ayrışma, yapıştırıcı tabakadaki arayüz normal gerilmelerini meydana getirecektir. Normal gerilme, $\sigma(x)$,

$$\sigma(x) = \frac{E_a}{t_a}\left[v_2(x) - v_1(x)\right] \tag{B.21}$$

olacaktır. Burada, $v_1(x)$ ve $v_2(x)$ sırasıyla, kiriş ve plakanın düşey yer değiştirmeleridir. Kiriş ve plakanın denge denklemleri, ikinci derece terimlerin ihmal edilmesiyle, aşağıda verilen denklemlerle ifade edilecektir:

Kiriş:

$$\frac{d^2 v_1(x)}{dx^2} = -\frac{1}{E_1 I_1} M_1(x) - \frac{1}{G_1 \alpha A_1}\left[q + b_2 \sigma(x)\right] \tag{B.22}$$

$$\frac{dM_1(x)}{dx} = V_1(x) - b_2 y_1 \tau(x) \tag{B.23}$$

ve

$$\frac{dV_1(x)}{dx} = -b_2 \sigma(x) - q \tag{B.24}$$

Plaka :

$$\frac{d^2v_2(x)}{dx^2} = -\frac{1}{E_2I_2}M_2(x) + \frac{1}{G_2\alpha A_2}b_2\sigma(x) \quad \text{(B.25)}$$

$$\frac{dM_2(x)}{dx} = V_2(x) - b_2y_2\tau(x) \quad \text{(B.26)}$$

ve

$$\frac{dV_2(x)}{dx} = b_2\sigma(x) \quad \text{(B.27)}$$

Yukarıdaki denge denklemleri esas alınarak, kiriş ve plaka sehimlerinin ifadesi için diferansiyel denklemleri, arayüz kayma ve normal gerilmeler terimleriyle yazılabilir:

Kiriş :

$$\frac{d^4v_1(x)}{dx^4} = \frac{1}{E_1I_1}b_2\sigma(x) - \frac{1}{G_1\alpha A_1}b_2\frac{d^2\sigma(x)}{dx^2} + \frac{y_1}{E_1I_1}b_2\frac{d\tau(x)}{dx} + \frac{1}{E_1I_1}q - \frac{1}{G_1\alpha A_1}\frac{d^2q}{dx^2} \quad \text{(B.28)}$$

Plaka :

$$\frac{d^4v_2(x)}{dx^4} = -\frac{1}{E_2I_2}b_2\sigma(x) + \frac{1}{G_2\alpha A_2}b_2\frac{d^2\sigma(x)}{dx^2} + \frac{y_2}{E_2I_2}b_2\frac{d\tau(x)}{dx} \quad \text{(B.29)}$$

Dnk. B.28 ve Dnk. B.29'un, Dnk B.21'den elde edilen arayüz normal gerilmelerin dördüncü türevine yerleştirilmesiyle, arayüz normal gerilmeler için bünye diferansiyel denklemi elde edilir:

$$\frac{d^4\sigma(x)}{dx^4}-\frac{E_a b_2}{\alpha t_a}\left(\frac{1}{G_1 A_1}+\frac{1}{G_2 A_2}\right)\frac{d^2\sigma(x)}{dx^2}+\frac{E_a b_2}{t_a}\left(\frac{1}{E_1 I_1}+\frac{1}{E_2 I_2}\right)\sigma(x)=$$

$$=-\frac{E_a b_2}{t_a}\left(\frac{y_1}{E_1 I_1}-\frac{y_2}{E_2 I_2}\right)\frac{d\tau(x)}{dx}-\frac{E_a}{t_a}\cdot\frac{1}{E_1 I_1}q+\frac{E_a}{t_a}\cdot\frac{1}{G_1\alpha A_1}\cdot\frac{d^2 q}{dx^2} \qquad \text{(B.30)}$$

B.3 Arayüz Kayma Gerilmeleri ve Normal Gerilmeler için Genel Çözüm

Arayüz kayma ve normal gerilmeler için elde edilen bünye diferansiyel denklemler (Dnk. B.20 ve Dnk. B.30) nedeniyle çözüm karmaşık hale gelmiştir. Bu amaçla, her iki elemandaki kayma deformasyonlarının etkisi ihmal edilirse, arayüz kayma gerilmeleri için bünye diferansiyel denklemi,

$$\frac{d^2\tau(x)}{dx^2}-\frac{G_a b_2}{t_a}\left(\frac{(y_1+y_2)(y_1+y_2+t_a)}{E_1 I_1+E_2 I_2}+\frac{1}{E_1 A_1}+\frac{1}{E_2 A_2}\right)\tau(x)+$$

$$+\frac{G_a}{t_a}\left(\frac{y_1+y_2}{E_1 I_1+E_2 I_2}\right)V_T(x)=0 \qquad \text{(B.31)}$$

haline gelir. Basit olması açısından, aşağıda verilen genel çözümler, kiriş açıklığının tümünde ve bir kısmı boyunca tekil yük, düzgün yayılı yükleme ya da her iki yüklemeyle sınırlandırılmıştır. Bu yükleme için, $d^2V_T(x)/dx^2=0$ ve Dnk. B.31 için genel çözüm,

$$\tau(x)=B_1\cosh(\lambda x)+B_2\sinh(\lambda x)+m_1 V_T(x) \qquad \text{(B.32)}$$

Burada,

$$\lambda^2 = \frac{G_a b_2}{t_a}\left(\frac{(y_1 + y_2)(y_1 + y_2 + t_a)}{E_1 I_1 + E_2 I_2} + \frac{1}{E_1 A_1} + \frac{1}{E_2 A_2}\right) \tag{B.33}$$

ve

$$m_1 = \frac{G_a}{t_a} \cdot \frac{1}{\lambda^2}\left(\frac{y_1 + y_2}{E_1 I_1 + E_2 I_2}\right) \tag{B.34}$$

olacaktır. Burada, normal gerilmeler için bünye diferansiyel denklem, kayma deformasyonlarının etkisinin ihmal edilmesiyle,

$$\begin{aligned} &\frac{d^4\sigma(x)}{dx^4} - \frac{E_a b_2}{t_a}\left(\frac{1}{E_1 I_1} + \frac{1}{E_2 I_2}\right)\sigma(x) + \\ &+ \frac{E_a b_2}{t_a}\left(\frac{y_1}{E_1 I_1} - \frac{y_2}{E_2 I_2}\right)\frac{d\tau(x)}{dx} + \frac{E_a}{t_a} \cdot \frac{1}{E_1 I_1} q = 0 \end{aligned} \tag{B.35}$$

olacaktır.

Dnk. B.35'teki dördüncü derece diferansiyel denklemin genel çözümü,

$$\begin{aligned} &\sigma(x) = e^{-\beta x}\left[C_1 \cos(\beta x) + C_2 \sin(\beta x)\right] + \\ &+ e^{-\beta x}\left[C_3 \cos(\beta x) + C_4 \sin(\beta x)\right] - n_1 \frac{d\tau(x)}{dx} - n_2 q \end{aligned} \tag{B.36}$$

elde edilir. x'in büyük değerleri için, normal gerilmenin 0'a (sıfır) yaklaştığı kabul edilirse $C_3=C_4=0$ olacaktır. Bu durumda genel çözüm,

$$\sigma(x) = e^{-\beta x}\left[C_1 \cos(\beta x) + C_2 \sin(\beta x)\right] - n_1 \frac{d\tau(x)}{dx} - n_2 q \qquad \text{(B.37)}$$

olurken, burada,

$$\beta = \sqrt[4]{\frac{E_a b_2}{4t_a}\left(\frac{1}{E_1 I_1} + \frac{1}{E_2 I_2}\right)} \qquad \text{(B.38)}$$

$$n_1 = \left(\frac{y_1 E_2 I_2 - y_2 E_1 I_1}{E_1 I_1 + E_2 I_2}\right) \qquad \text{(B.39)}$$

ve

$$n_2 = \frac{E_2 I_2}{b_2\left(E_1 I_1 + E_2 I_2\right)} \qquad \text{(B.40)}$$

Dnk. B.37'nin elde edilmesinde, $d^5\tau/dx^5=0$ kabul edilir, çünkü, $d^5\tau/dx^5$ genel olarak, nihai sonuç için ihmal edilebilecek seviyededir.

B.3.1 Sınır Şartlarının Uygulanması

Arayüz kayma ve normal gerilmeleri için genel çözümler üretilirken, üç yükleme durumu dikkate alınmıştır. Şekil B.3'te görüldüğü üzere basit mesnetli bir kiriş, düzgün yayılı yük, keyfi konumlandırılmış tek noktasal yük ve iki simetrik noktasal yüke maruz bırakılarak incelenmiştir. Bu kısımda, uygun sınır şartlarının uygulanmasıyla her bir yük durumu için arayüz kayma ve normal gerilmelerin ifadeleri elde edilecektir.

B.3.1.1 Düzgün Yayılı Yük için Arayüz Kayma Gerilmeleri

Üniform yayılı yüke maruz kalan basit mesnetli kirişte kesme kuvveti ifadelerinin Dnk. B.32'de yerine yazılmasıyla, bu yük durumunda, arayüz kayma gerilmeleri için genel çözüm,

$$\tau(x) = B_1 \cosh(\lambda x) + B_2 \sinh(\lambda x) + m_1 q\left(\frac{L}{2} - x - a\right), \quad 0 \le x \le L_p \qquad \text{(B.41)}$$

olacaktır. Burada, q, düzgün yayılı yük ve x, a, L ve L_p Şekil A.3'te verilmiştir. İstenen sınır şartlarının uygulanması için integrasyon sabitleri, belirlenmelidir.

İlk sınır şartı, $x=0$'da uygulanan eğilme momentidir. Burada, Dnk. B.41'deki B_2 ifadesi elde edilir. İkinci sınır şartı, uygulanan yükün simetrisinin olması nedeniyle, açıklık ortasındaki arayüz kayma gerilmesinin 0 (sıfır) olması gerekliliğidir. Bu şarttan, B_1 ifadesi bulunur.

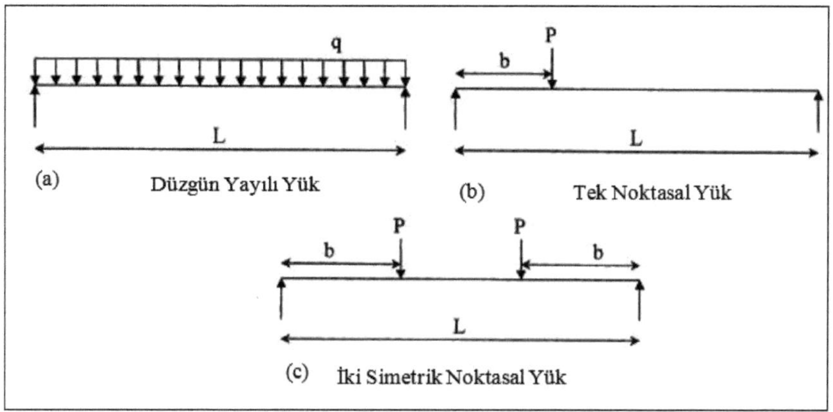

Şekil B.3 Yük durumları

Sınır şartlarının uygulanmasıyla mevcut denklemlerle elde edilen B_1 ve B_2'nin Dnk. B.41'e yerleştirilmesiyle, herhangi bir noktadaki arayüz kayma gerilmesi,

$$\tau(x)=\left[\frac{m_2 a}{2}(L-a)-m_1\right]\frac{qe^{-\lambda x}}{\lambda}+m_1 q\left(\frac{L}{2}-a-x\right) \qquad \text{(B.42)}$$

olurken, Burada, $m_1=\frac{G_a}{t_a}\cdot\frac{1}{\lambda^2}\left(\frac{y_1+y_2}{E_1 I_1+E_2 I_2}\right)$ ve $m_2=\frac{G_a}{t_a}\cdot\frac{y_1}{E_1 I_1}$ dir.

B.3.1.2 Tek Noktasal Yükleme için Arayüz Kayma Gerilmeleri

Bu yükleme için iki durum düşünülmüştür : (1) uygulanan tekil yükün kiriş bitiminden mesafesinden plaka başlangıcı mesafesinden daha büyük olması durumu ($a<b$) durumu ve (2)

tekil yükün kiriş bitiminden mesafesinden plaka başlangıcı mesafesinden daha küçük olması durumu ($a>b$) durumu. Noktasal yüke maruz bırakılan basit mesnetli kirişte kesme kuvvetlerini veren ifadelerin Dnk. B.32'de yerine yazılmasıyla, bu yük durumu için arayüz kayma gerilmelerinin genel çözümü bulunur :

$a<b$:

$$\tau(x)=\begin{cases} B_3\cosh(\lambda x)+B_4\sinh(\lambda x)+m_1P\left(1-\dfrac{b}{L}\right) & 0\le x\le(b-a) \\ B_5\cosh(\lambda x)+B_6\sinh(\lambda x)-m_1P\dfrac{b}{L} & (b-a)\le x\le L_p \end{cases} \quad \text{(B.43)}$$

$$a>b:\quad \tau(x)=B_7\cosh(\lambda x)+B_8\sinh(\lambda x)-m_1P\frac{b}{L} \qquad 0\le x\le L_p \quad \text{(B.44)}$$

Sınır şartlarının uygulanması sonucu, mevcut denklemlerle elde edilen B_3, B_4, B_5, B_6, B_7 ve B_8'in Dnk. B.43 ve Dnk. B.44'e yerleştirilmesiyle, $a<b$ ve $a>b$ durumu için arayüz kayma gerilmeleri,

$a<b$:

$$\tau(x)=\begin{cases} \dfrac{m_2}{\lambda}Pa\left(1-\dfrac{b}{L}\right)e^{-\lambda x}+m_1P\left(1-\dfrac{b}{L}\right)-m_1P\cosh(\lambda x)e^{-k} & 0\le x\le(b-a) \\ \dfrac{m_2}{\lambda}Pa\left(1-\dfrac{b}{L}\right)e^{-\lambda x}-m_1\dfrac{Pb}{L}+m_1P\sinh(k)e^{-\lambda x} & (b-a)\le x\le L_p \end{cases} \quad \text{(B.45)}$$

ve

$$a<b:\ \tau(x)=\frac{m_2}{\lambda}Pb\left(1-\frac{a}{L}\right)e^{-\lambda x}-m_1P\frac{b}{L} \qquad 0\le x\le L_p \tag{B.46}$$

bulunurken, ifadelerde geçen, $m_1=\frac{G_a}{t_a}\cdot\frac{1}{\lambda^2}\left(\frac{y_1+y_2}{E_1I_1+E_2I_2}\right)$ ve $m_2=\frac{G_a}{t_a}\cdot\frac{y_1}{E_1I_1}$ 'dir.

B.3.1.3 İki Noktasal Yükleme için Arayüz Kayma Gerilmeleri

İki noktasal yük simetrik olarak etkimektedir. İki durum ele alınmıştır. (1) plaka sabit moment bölgesinin ($a<b$) dışındadır ve (2) plaka sabit moment bölgesi içinde sonlanmaktadır ($a>b$). Dnk. B.32'yi kullanarak, bu yük durumunda arayüz kayma gerilmeleri için genel çözüm,

$$a<b:$$

$$\tau(x)=\begin{cases} B_9\cosh(\lambda x)+B_{10}\sinh(\lambda x)+m_1P & 0\le x\le(b-a) \\ B_{11}\cosh(\lambda x)+B_{12}\sinh(\lambda x) & (b-a)\le x\le\frac{L_p}{2} \end{cases} \tag{B.47}$$

$$a>b:\ \tau(x)=B_{13}\cosh(\lambda x)+B_{14}\sinh(\lambda x) \qquad 0\le x\le L_p \tag{B.48}$$

Sınır şartlarının uygulanarak mevcut denklemlerle elde edilen B_9, B_{10}, B_{11} ve B_{12}'in Dnk. B.47 ve Dnk. B.48'de yerleştirilmesiyle, $a<b$ ve $a>b$ durumu için arayüz kayma gerilmeleri,

$$a<b:$$

$$\tau(x)=\begin{cases} \frac{m_2}{\lambda}Pae^{-\lambda x}+m_1P\cosh(\lambda x)e^{-k} & 0\le x\le(b-a) \\ \frac{m_2}{\lambda}Pae^{-\lambda x}+m_1P\sinh(k)e^{-\lambda x} & (b-a)\le x\le\frac{L_p}{2} \end{cases} \tag{B.49}$$

$$a > b: \ \tau(x) = \frac{m_2}{\lambda} Pbe^{-\lambda x} \qquad 0 \le x \le L_p \tag{B.50}$$

Burada, $m_1 = \frac{G_a}{t_a} \cdot \frac{1}{\lambda^2} \left(\frac{y_1 + y_2}{E_1 I_1 + E_2 I_2} \right)$ ve $m_2 = \frac{G_a}{t_a} \cdot \frac{y_1}{E_1 I_1}$ 'dir.

B.3.1.4 Arayüz Normal Gerilmeleri: Tüm Yük Durumları için Genel İfadeler

$$\sigma(x) = e^{-\beta x}\left[C_1 \cos(\beta x) + C_2 \sin(\beta x)\right] - n_1 \frac{d\tau(x)}{dx} - n_2 q$$

(Denklem B.37)

Yukarıda verilen Dnk. B.37'deki C_1 ve C_2 sabitleri uygun sınır şartları dikkate alınarak elde edilir. İlk sınır şartı, plaka ucundaki eğilme momentinin 0 (sıfır) olmasıdır. İkinci sınır şartı, plakanın ucundaki ve plakadaki kayma kuvvetiyle ilgilidir. Plakanın ucundaki kesme kuvveti 0(sıfır) alınır.

Sınır şartlarının uygulanarak diferansiyel denklemlerin çözülmesiyle elde edilen C_1 ve C_2 sabitleri, Dnk. B.37'de yerine yazılarak arayüz normal gerilmeleri elde edilir :

C_1 ve C_2 sabitleri:

$$C_1 = \frac{E_a}{2\beta^3 t_a} \cdot \frac{1}{E_1 I_1} \cdot \left[V_T(0) + \beta M_T(0)\right] - \frac{n_3}{2\beta^3}\tau(0) + \frac{n_1}{2\beta^3} \cdot \left(\left.\frac{d^4\tau(x)}{dx^4}\right|_{x=0} + \beta \left.\frac{d^3\tau(x)}{dx^3}\right|_{x=0} \right) \tag{B.51}$$

$$C_2 = -\frac{E_a}{2\beta^2 t_a} \cdot \frac{1}{E_1 I_1} \cdot M_T(0) - \frac{n_1}{2\beta^2}\tau(0) + \frac{n_1}{2\beta^3} \cdot \left.\frac{d^3\tau(x)}{dx^3}\right|_{x=0} \tag{B.52}$$

Ek-C

Literatürdeki Mevcut Bir Çalışmanın, [28] FRP'li Betonarme Kirişin Arayüz Gerilmeleri, Eksenel Kuvvetler ve Momentlerle ilgili Analitik Kısmı

C1. Yapıştırılan Kompozit Plakanın Denge Durumu

Nümerik hesapları yürütmek için, Şekil C.1'de görülen beton ve FRP plaka arasındaki bağı modellemede mühendislik yaklaşımları kullanılmıştır.

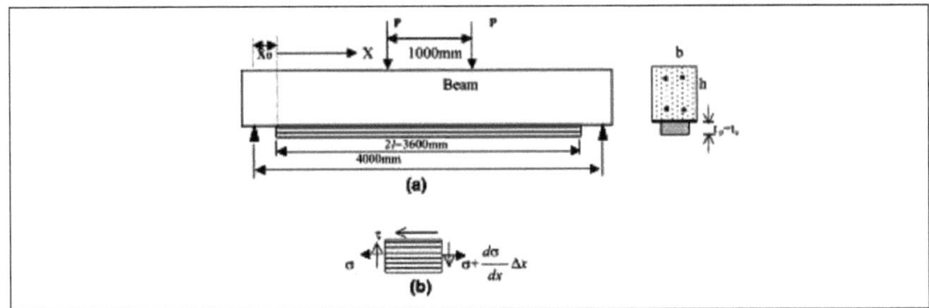

Şekil C.1 (a) FRP ile güçlendirilen kiriş (b) Plaka elemanındaki gerilme dengesi

İnce yapıştırıcı tabaka için, arayüz kayma deformasyonu yaklaşık olarak hesaplanmıştır:

$$\gamma = \frac{u_p(x) - u_c(x)}{t_a} \tag{C.1}$$

Burada, u_c arayüzdeki betonun yatay yer değiştirmesi, u_p FRP plakanın ortalama yer değiştirmesi ve t_a yapıştırıcı tabakanın kalınlığıdır. Böylece, arayüzdeki kayma gerilmesi,

$$\tau(x) = \frac{G_a \lfloor u_p(x) - u_c(x) \rfloor}{t_a} \tag{C.2}$$

olacaktır. Burada, G_a yapıştırıcı tabakanın kayma modülünü göstermektedir.

Kayma gerilmesinin x'e bağlı türevi,

$$\frac{d\tau(x)}{dx} = \frac{G_a}{t_a}\left(\varepsilon_p - \varepsilon_c^+\right) = \frac{G_a}{t_a}\left(\frac{\sigma}{E_p} - \varepsilon_c^+\right) \qquad (C.3)$$

Burada, $\varepsilon_c{}^+$ ve ε_p sırasıyla arayüzde betonun maksimum çekme deformasyonu ve FRP plakanın deformasyonudur. σ ve E_p sırasıyla plakanın boyuna normal gerilmesi ve elastisite modülüdür. Şekil C.1b'den plaka elemanının yatay dengesi yazılabilir :

$$\frac{d\sigma(x)}{dx} = \frac{\tau(x)}{t_p} \qquad (C.4)$$

Burada, t_p plakanın kalınlığıdır. Dnk. C.3 ve Dnk. C.4 matris formunda ifade edilecek olursa,

$$\frac{d}{dx}\begin{Bmatrix}\sigma\\ \tau\end{Bmatrix} = \begin{bmatrix}0 & 1/t_p\\ G_a/E_p t_a & 0\end{bmatrix}\begin{Bmatrix}\sigma\\ \tau\end{Bmatrix} + \begin{Bmatrix}0\\ -G_a\varepsilon_c^+/t_a\end{Bmatrix} \qquad (C.5)$$

Yukarıdaki denklemin genel çözümü,

$$\begin{Bmatrix}\sigma\\ \tau\end{Bmatrix} = \exp[\mathbf{K}x]\begin{Bmatrix}\sigma_o\\ \tau_o\end{Bmatrix} + \int_0^x \exp[\mathbf{K}(x-\xi)]\cdot\begin{Bmatrix}0\\ -G_a\varepsilon_c^+(\xi)/t_a\end{Bmatrix}d\xi \qquad (C.6)$$

olarak verilebilir.

Burada, **K**, Dnk. C.5'deki 2x2 matrisidir. σ_o ve ε_o plakanın bittiği noktada ($x=0$) boyuna normal ve kayma gerilmeleridir (Şekil C.1). **K**'nın eksponansiyel fonksiyonu ifade edilecek olursa :

$$\exp[\mathbf{K}x] = \begin{bmatrix} \cosh(\alpha x) & \sinh(\alpha x)/\alpha t_p \\ G_a \sinh(\alpha x)/\alpha E_p t_a & \cosh(\alpha x) \end{bmatrix} \qquad \text{(C.7)}$$

Burada, $\alpha = \sqrt{\dfrac{G_a}{E_p t_p t_a}}$ 'dır.

Bu durumda Dnk. C.6,

$$\begin{Bmatrix} \sigma \\ \tau \end{Bmatrix} = \begin{bmatrix} \cosh(\alpha x) & \sinh(\alpha x)/\alpha t_p \\ G_a \sinh(\alpha x)/\alpha E_p t_a & \cosh(\alpha x) \end{bmatrix} \begin{Bmatrix} \sigma_o \\ \tau_o \end{Bmatrix}$$

$$+ \int_0^x \begin{bmatrix} \cosh \alpha(x-\xi) & \sinh \alpha(x-\xi)/\alpha t_p \\ G_a \sinh \alpha(x-\xi)/\alpha E_p t_a & \cosh \alpha(x-\xi) \end{bmatrix} \cdot \begin{Bmatrix} 0 \\ -G_a \varepsilon_c^+(\xi)/t_a \end{Bmatrix} d\xi \qquad \text{(C.8)}$$

olarak ifade edilir.

Şekil C.1a'da görülen kirişin simetrik olarak yüklenmesi nedeniyle, açıklığın ortasında ($x=l$), plaka için sınır şartları,

$$x=0' \rightarrow \sigma_o=0 \text{ ve } x=0 \rightarrow \tau=0 \qquad \text{(C.9)}$$

olacaktır.

Dnk. C.9, Dnk. C.8'de yerine yazılırsa,

$$\tau = \tau_o \cosh(\alpha x) - \int_o^x \frac{G_a}{t_a} \cosh \alpha(x-\xi)\varepsilon_c^+(\xi)d\xi$$

$$\sigma = \frac{\tau_o}{\alpha t_p} \sinh(\alpha x) - \int_o^x \frac{G_a}{\alpha t_a t_p} \sinh \alpha(x-\xi)\varepsilon_c^+(\xi)d\xi \qquad \text{(C.10)}$$

Burada,

$$\tau_o = \frac{1}{\cosh l} \int_0^l \frac{G_a}{t_a} \cosh \alpha(l-\xi)\varepsilon_c^+(\xi)d\xi \qquad \text{(C.11)}$$

Dnk. C.10 ve Dnk. C.11'den, arayüz kayma gerilmeleri ve plakanın boyuna normal gerilmelerinin, beton kirişin alt yüzündeki maksimum çekme gerilmelerinin değişimine bağlı olduğu görülmektedir.

Dnk. C.10'daki ifade, arayüz kayma gerilmelerinin dağılımını ve kompozit plakadaki boyuna normal gerilmeleri vermektedir. Bu çözümler, aynı zamanda, sonlu eleman ve diğer nümerik analizler için alternatif bir değerlendirme sistemi sağlamaktadır. Sonlu eleman yönteminin kullanımında hesap fazlalığı vardır ve malzeme süreksizliği sözkonusu olduğunda daha az güvenilir olmaktadır. Doğrusal olmayan problemler için iterasyon gereklidir, ki bu çözüm, daha çok hesap fazlalığına sahiptir. Beton lineer modellendiğinde Dnk. C.10'daki çözümün kullanılması kabul edilebilir. Basit kiriş teorisi esas alınarak Denklem C.10'daki ε_c^+ kolayca hesaplanabilir. Çoğu durumda, ε_c^+, x'in lineer veya quadratik fonksiyonudur. Böylece, kompozit plakalarda arayüz kayma gerilmelerinin ve normal gerilmelerin dağılımı, Dnk. C.10 ve Dnk. C.11'deki integrallerin hesaplanmasıyla analitik olarak bulunabilir. Bu özel durumda, Dnk. C.10'da sunulan çözümler, Malek ve arkadaşları [30] tarafından elde edilen lineer çözümlerle hemen hemen aynıdır. Eğer betonun doğrusal olmayan davranışı tercih edilmiş veya karmaşık yük şartları dikkate alınmışsa, Dnk. C.10, iki şekilde kullanılabilir. Yöntemde, deneysel yöntemlerin birleştirilmesi kullanılabilir. Gerçek yapılarda, beton kirişin alt yüzündeki direkt deformasyon, mevcut deneysel tekniklerle kolayca ölçülebilir. ε_c^+'nin yaklaşık dağılımında ölçülen deformasyonlar ve Dnk. C.10'daki integraller hesaplanabilir. Alternatif olarak, ε_c^+'nin dağılımı analitik olarak belirlenebilir ve integraller iterasyon süreciyle hesaplanabilir. Bu çalışmada verilen çözüm, analitik durum içindir ve iterasyon süreci diğer kısımlarda açıklanmıştır.

C2. FRP Plakayla Güçlendirilen Betonarme Kirişin Eğilme Davranışı

Betonarme kirişin normal deformasyon dağılımının hesabı, klasik kiriş teorisine dayanmaktadır. Bu teoride, (a) normal deformasyon, betonarme kirişin kalınlığı boyunca lineer olarak dağılmaktadır. (b) deformasyon küçüktür ve (c) kayma deformasyonu yoktur. Betonun uç lifindeki maksimum basınç deformasyonu, ε_{cmax}, nümerik hesaptaki parametrelerden biri olarak alınmıştır. Böylece, beton, donatı ve FRP'de oluşan deformasyonlar sırasıyla,

$$\begin{aligned}\varepsilon_c &= \varepsilon_{c\max}(N-y)/N \\ \varepsilon_s &= \varepsilon_{c\max}(N-d)/N \\ \varepsilon_p &= \varepsilon_{c\max}(N-h-t_a-t_p/2)/N\end{aligned} \qquad (C.12)$$

olacaktır [31]. Burada, verilen N ve d sırasıyla, enkesitin tarafsız eksen mesafesi ve beton üst yüzünden donatıya olan mesafedir. Donatılarda akma deformasyonu oluştuğunda, N'e karşılık gelen değer, N^* Dnk. C.13 kullanılarak hesaplanır :

$$N^* = E_s\varepsilon_{c\max}d/(E_s\varepsilon_{c\max}-\sigma_y) \qquad (C.13)$$

Burada, σ_y çeliğin akma gerilmesidir. Verilen betonun maksimum basınç deformasyonu, ε_{cmax} için betondaki, donatıdaki ve FRP plakadaki eksenel kuvvetler, (F_c, F_s ve F_p) aşağıdaki gibi hesaplanır :

$$F_c = \int_N^{h-N} E_c \varepsilon_c b \cdot dy - \int_0^N f_c'' \left[\frac{2\varepsilon_c}{\varepsilon_o} - \frac{\varepsilon_c^2}{\varepsilon_o^2} \right] b \cdot dy$$

$$= E_c b \frac{(h-N)^2}{2N} \varepsilon_{c\max} - f_c'' bN \left[\frac{\varepsilon_{c\max}}{\varepsilon_o} - \frac{\varepsilon_{c\max}^2}{3\varepsilon_o^2} \right] \qquad 0 \le \varepsilon_{c\max} < \varepsilon_o \qquad \text{(C.14a)}$$

$$F_c = \int_N^{h-N} E_c \varepsilon_c b \cdot dy - \int_{N\varepsilon_o / \varepsilon_{c\max}}^{N} f_c'' \left[1 - \frac{0{,}15}{0{,}004 - \varepsilon_o} \cdot (\varepsilon_c - \varepsilon_o) \right] \cdot b \cdot dy$$

$$= E_c b \frac{(h-N)^2}{2N} \varepsilon_{c\max} - \frac{f_c'' bN}{\varepsilon_{c\max}} \left\{ \frac{2\varepsilon_o}{3} + (\varepsilon_{c\max} - \varepsilon_o) \cdot \left[1 - \frac{0{,}15}{0{,}004 - \varepsilon_o} \cdot (\varepsilon_{c\max} - \varepsilon_o) \right] \right\} \qquad \text{(C.14b)}$$

$\varepsilon_{c\max} \ge \varepsilon_o$

$$F_p = A_p E_p \varepsilon_{c\max} (h + t_a + t_p / 2 - N) / N \qquad \text{(C.15)}$$

$$F_s = F_{st} + F_{sc} \qquad \text{(C.16)}$$

Burada,

$$F_{st} = E_s A_{st} \varepsilon_{c\max} (d_{st} - N) / N$$

$$F_{sc} = E_s A_{sc} \varepsilon_{c\max} (d_{sc} - N) / N \qquad 0 \le |E_s \varepsilon_s| < \sigma_y$$

$$F_{st} = \sigma_y A_{st} \qquad \sigma_y \le |E_s \varepsilon_{st}|$$

$$F_{sc} = -\sigma_y A_{sc} \qquad \sigma_y \le |E_s \varepsilon_{sc}|$$

Yukarıdaki denklemlerde A_p kompozit plakanın eksenel alanı, A_{st} ve A_{sc}, çekme ve basınç bölgesindeki donatıların toplam enkesit alanı, d_{st} ve d_{sc} kirişin en üst noktasından donatı ve beton merkezine olan mesafe, F_{st} ve F_{sc} çelikteki çekme ve basınç eksenel kuvvetleri, ε_{st} ve ε_{sc} donatıdaki deformasyonları gösterir. Dnk. C.14(a) ve Dnk. C.14(b)'deki F_c'nin hesabında beton çekme dayanımı (Dnk. C.14(a) ve C.14(b)'deki ilk integral), çekme deformasyonu, betonun çatlama deformasyonuna ulaştığında ihmal edilir. Aksi takdirde, lineer elastik ve çatlamamış kesit kabul edilir. Enkesit boyunca iç eksenel kuvvetlerin dengesi N'in quadratik denklemini sağlamaktadır. Kabul edilen ε_{cmax} için, N'in ilk değeri, Dnk. (C.14a, C.14b, C.15 ve C.16)'nın aşağıdaki denge denklemine yerleştirilmesiyle hesaplanır.

$$F_c + F_s + F_p = 0 \qquad \text{(C.17)}$$

Bu durumda, elde edilen N, Dnk. C.13'deki N^* ile karşılaştırılır. Eğer N, N^*'den büyük ya da eşitse, tarafsız eksen konumu, verilen ε_{cmax} için bulunur. Aksi halde, N, Dnk. C.18'deki kuvvetlerin kullanılmasıyla tekrar hesaplanır. Tarafsız eksen konumu, kabul edilen ε_{cmax} için bulunduğunda, betondaki donatı ve FRP plakadaki eksenel kuvvetler nedeniyle oluşan enkesitteki eğilme momentleri M_c, M_s ve M_p sırasıyla aşağıdaki gibi hesaplanır:

$$M_c = \int_0^{h-N} E_c \varepsilon_c b y \cdot dy - \int_0^{N} f_c'' b \left[\frac{2\varepsilon_c}{\varepsilon_0} - \frac{\varepsilon_c^2}{\varepsilon_o^2} \right] y dy$$

$$= \frac{E_c b (h-N)^3 \varepsilon_{c\max}}{3N} + f'' b N^2 \left[\frac{2\varepsilon_{c\max}}{3\varepsilon_0} - \frac{\varepsilon_{c\max}^2}{4\varepsilon_o^2} \right] \qquad 0 \le \varepsilon_{c\max} < \varepsilon_o \qquad \text{(C.18)}$$

$$M_c = \int_0^{h-N} E_c \varepsilon_c b y dy - \int_0^{N\varepsilon_o/\varepsilon_{c\max}} f_c'' b \left[\frac{2\varepsilon_c}{\varepsilon_0} - \frac{\varepsilon_c^2}{\varepsilon_o^2} \right] y dy + \int_{N\varepsilon_o/\varepsilon_{c\max}}^{N} f_c'' b \left[1 - \frac{0{,}15}{0{,}004 - \varepsilon_o} \cdot (\varepsilon_c - \varepsilon_o) \right] y dy$$

$$= \frac{E_c b (h-N)^3 \varepsilon_{c\max}}{3N} + \frac{f'' b N^2}{\varepsilon_{c\max}^2} \left[\frac{5\varepsilon_o^2}{12} + \frac{1}{2} \left(\varepsilon_{c\max}^2 - \varepsilon_o^2 \right) \cdot \left(1 + \frac{0{,}15\varepsilon_o}{0{,}004 - \varepsilon_o} \right) - \frac{0{,}05}{0{,}004 - \varepsilon_o} \left(\varepsilon_{c\max}^3 - \varepsilon_o^3 \right) \right] \qquad \text{(C.19)}$$

$$\varepsilon_{c\max} > \varepsilon_o$$

$$M_p = A_p E_p \varepsilon_{c\max} (h + t_a + t_p / 2 - N)^2 / N \qquad (C.20)$$

$$M_s = M_{st} + M_{sc} \qquad (C.21)$$

Burada,

$$M_{st} = E_s A_{st} \varepsilon_{c\max} (d_{st} - N)^2 / N$$

$$M_{sc} = E_s A_{sc} \varepsilon_{c\max} (d_{sc} - N)^2 / N$$

$$0 \le |E_s \varepsilon_s| < \sigma_y$$

$$M_{st} = \sigma_y A_{st} (d_{st} - N) \qquad |E_s \varepsilon_{st}| > \sigma_y$$

$$M_{sc} = \sigma_y A_{sc} (d_{sc} - N) \qquad |E_s \varepsilon_{sc}| > \sigma_y$$

Böylece, kiriş enkesitindeki toplam eğilme momenti,

$$M = M_c + M_s + M_t \qquad (C.22)$$

formülüyle hesaplanır.

Ek – D

Moment-Eğrilik İlişkisini Belirleyen Analitik Çalışmada Data Girdi Ekranı ve Analiz Sonuçları

D.1 Malzeme Değerlerinin ve Geometrik Bilgilerin Girilmesi

KESİT adlı dosyada malzeme değerleri ve gerekli bilgiler girilir:

30.0 0.002 30000	:fck, EPSco, Elatisite modulu (BETON)
420. 0.0021 200000.	:fstd, EPSy, Elastisite modulu (CELİK)
0.0 0.0 0.0	:N baslangic, N bitis, dN artis (basinc +)
150. 150.	:b/h
25	:pp
75. 75.	:xg, yg
2	:donati sira adedi
157. 30.	:donati alani, ordinati (donati sira adedi kadar girilecek)
157. 120.	
232. 232. 464	:sirasiyla kisa ve uzun etriye kollari merkezler arasi boylari ve toplam boy
50. 100. 420.0	:etriye kesit alani, donati araligi, akma mukavemeti
165000 100 1.2 4	:CFRP elemanın elastisite modulu, genisligi, yüksekligi, yapistirma harci kalinligi

D2. Analiz Sonuçlarının Ekranda Görüntülenmesi

Uygulama dosyası çalıştırıldıktan sonra, analiz gerçekleştirilir ve sonuçlar ekranda görüntülenir :

Tarih: 08-Sep-09 Saat: 11:51:24

~~~~~~

CFRP iLE ÇEKME BÖLGESİ TAKViYE EDiLMiŞ
BETONARME KESiTiN
GELiŞTiRiLMiŞ KENT-PARK BETON MODELi
VE HOGNESTAD GERiLME DAGILIMI iLE
MOMENT-EĞRİLİK ANALiZi
VER. 2.0
20.02.2009

a. Malzeme ve kesit bilgileri

==

Beton basınç dayanımı fck= 30.0 Mpa

Azami beton gerilmesi için birim kısalma Eco= .0020 mm/mm

Elastisite modülü Ec= 32000.0 N/mm2

Çelik akma dayanımı fsyk= 420.0 Mpa

Akma gerilmesi için birim şekildeğiştirme Ey= .0021 mm/mm

Elastisite modülü Es= 200000.0 N/mm2

Eksenel kuvvet hesap aralığı, basınç(+) Pi= .00 N

Pf= .00 N

Eksenel kuvvet artım değeri dP=.00 N

Kesit genişliği b=150.0 mm

Kesit yüksekliği h=150.0 mm

Pas payı pp=25.0 mm
~~~~~~

Atalet momenti I=241418581.3 mm4

Brüt kesitin eğilme rijitliği EI=7725394602666.7 N-mm2

==

==

b. Boyuna donatı bilgileri

==

Toplam donatı sırası = 2

1. sıra: 157.0 mm2, yg = 30.0 mm

2. sıra: 157.0 mm2, yg = 120.0 mm

==

==

c. Enine donatı bilgileri

==

Etriye kısa kolu -dıştan dışa- bk=232.0 mm

Etriye uzun kolu -dıştan dışa- hk=232.0 mm

Etriye toplam boyu ls=464.0 mm

Donatı kesit alanı A0=50.0 mm2

Donatı aralığı s=100.0 mm

Çelik akma dayanımı fywk=420.0 Mpa

==

==

d. Geliştirilmiş Kent-Park beton modeline ait parametreler

==

Etriye donatısının hacimsel oranı ROs= 4.310E-03

K= 1.060E+00

Sargılı beton dayanımı fcc= 3.181E+01Mpa

Birim kısalma değerleri	Eco= 2.000E-03
	Ecoc= 2.121E-03
	E50u= 3.543E-03
	E50h= 4.924E-03
	Ec20= 1.227E-02
Eğim	Zu= 3240.6
Eğim	Zc= 787.9

==

==

e. CFRP elemana ait parametreler

==

Elastisite modülü	E=165000.0 N/mm2
Genişliği	b=100.0 mm
Kalınlığı	t=1.2 mm
Yapıştırma harcı kalınlığı	th=0.6 mm
Ordinatı	yg=-1.2 mm
Kesit alanı	A=120.0 mm2

==

==

f. Sonuclar

==

Sonuçların tekâbül ettiği beton birim kısalmaları:

1 --> Ec= 0.00025 4 --> Ec= 0.0015 7 --> Ec= 0.0030
2 --> Ec= 0.0005 5 --> Ec= 0.0020 8 --> Ec= 0.0035
3 --> Ec= 0.0010 6 --> Ec= 0.0025 9 --> Ec= 0.0040

N	M1	M2	M3	M4
M5	M6	M7	M8	M9
EI1	EI2	EI3	EI4	EI5
EI6	EI7	EI8	K1	
K2	K3	K4	K5	K6
K7	K8	K9	C1	
C2	C3	C4	C5	C6
C7	C8	C9		

.00   9.2301940679840E+05 2.5552669971322E+06
6.6612287452349E+06 1.0412413854924E+07
1.2100342464604E+07 1.2958905163601E+07
1.3462001759587E+07 1.3793201208911E+07
1.4072993723936E+07 3.2868454703745E+11
3.6420373274393E+11 3.1315518979899E+11
1.2935111316517E+11 8.8048206166987E+10
6.0168040310344E+10 4.5132814696590E+10
3.9255927596483E+10 3.7719594181122E-06
8.7379598128549E-06 2.0011764496756E-05
3.1990442263831E-05 4.5039642756787E-05
5.4790695462724E-05 6.3152220840492E-05
7.0490549981969E-05 7.7617945311927E-05
8.3721447088239E+01 9.2778402000299E+01
1.0002939157816E+02 1.0311099481940E+02
1.0559467232467E+02 1.0437181581640E+02
1.0249573196081E+02 1.0034795289683E+02
9.8465523353977E+01

==

Tarih: 08-Sep-09   Saat: 11:51:39
Program has been running for 0.951 seconds.
This includes: 0.591 seconds of user time and 0.361 seconds of system time.

Son sayfadır.

Printed by Books on Demand GmbH, Norderstedt / Germany